数据库与信息系统设计
——实践指导和测试
（慕课版）

高裴裴　主编

张健　程茜　编著

U0312935

清华大学出版社

北京

内 容 简 介

本书是《数据库与信息系统设计（慕课版）》（ISBN：9787302583684）的配套实践教材，通过介绍数据库理论、工具、系统开发三级递进式的内容，使读者在数据库理论、应用、程序设计的基础上，独立开发数据库应用系统，为学习、工作中不可回避的数据处理工作提供解决方案，培养使用数据库工具解决本领域数据分析、数据管理问题的能力，实现计算机通识课程提升"自然科学与技术素养"的目标。全书分实验篇和测试篇。实验篇采用"案例"教学方式和"任务驱动"的方案，通过8章、18个实验的内容安排，使读者从实用角度出发，掌握完整的数据库系统开发全过程。测试篇和教材相呼应，提供了数量适当、难度合理、覆盖全面的测试题，并附上了参考答案。

书中图文并茂，按步骤讲解了案例求解的详细过程，并通过重点关注环节增加了扩展内容，使本书适用于多种水平和多种需求的读者，可作为高等院校数据库课程教学参考书，也可供自学和全国计算机等级考试的读者使用。

图书在版编目（CIP）数据

数据库与信息系统设计：实践指导和测试：慕课版/高裴裴主编. —北京：清华大学出版社，2021.7
ISBN 978-7-302-58556-5

Ⅰ.①数…　Ⅱ.①高…　Ⅲ.①数据库系统—系统开发—教材 ②信息系统—系统开发—教材
Ⅳ.①TP311.13 ②G202

中国版本图书馆 CIP 数据核字（2021）第 132317 号

责任编辑：谢　琛
封面设计：何凤霞
责任校对：郝美丽
责任印制：朱雨萌

出版发行：清华大学出版社
　　　　网　　　址：http://www.tup.com.cn，http://www.wqbook.com
　　　　地　　　址：北京清华大学学研大厦 A 座　　　　　　邮　　编：100084
　　　　社 总 机：010-62770175　　　　　　　　　　　　邮　　购：010-83470235
　　　　投稿与读者服务：010-62776969，c-service@tup.tsinghua.edu.cn
　　　　质量反馈：010-62772015，zhiliang@tup.tsinghua.edu.cn
　　　　课件下载：http://www.tup.com.cn，010-83470236
印 装 者：天津鑫丰华印务有限公司
经　　销：全国新华书店
开　　本：185mm×260mm　　　印　　张：10.75　　　　　字　　数：249 千字
版　　次：2021 年 8 月第 1 版　　　　　　　　　　　　印　　次：2021 年 8 月第 1 次印刷
定　　价：39.00 元

产品编号：091741-01

前言

数据库技术已经发展为现代信息科学的重要组成部分,是内容丰富、应用广泛的一门学科,并带动了一个巨大软件产业的兴盛。尤其是近些年来,数据库技术和网络技术相互结合、渗透,为海量、分布式、智能化的数据管理提供了解决方案。数据库技术不仅应用于事务处理,并且进一步应用到情报检索、人工智能、大数据、物联网技术等各个领域。

可以说,没有哪种工具能像数据库那样,在几乎所有计算机领域中都有涉及。无论身处校园还是职场,数据管理都是必备能力。数据库技术是一种数据管理方法,它研究如何组织和存储数据,如何高效地获取和处理数据。数据库相关工具和解决方案是数据库技术的研究热点,其中,数据库管理系统(DBMS)是数据库技术的核心。

本书是《数据库与信息系统设计(慕课版)》的配套实践教材,通过数据库理论、工具、系统开发三级递进式的内容,使读者在数据库理论、应用、程序设计基础上,独立开发数据库应用系统,为学习、工作中不可回避的数据处理工作提供解决方案,培养使用数据库工具解决本领域数据分析、数据管理问题的能力。全书分实验篇和测试篇两部分。实验篇采用"案例"教学方式和"任务驱动"的方案,共安排了数据库物理结构设计与维护,常量、变量、表达式与函数,数据检索与文件查询,结构化查询语言,窗体与报表,结构化程序设计,面向对象的程序设计,宏共 8 章、18 个实验,以基于 Microsoft Access 2016 以上版本的数据库管理系统为例进行案例演示,使读者从实用角度出发,掌握完整的数据库系统开发全过程。测试篇和教材相呼应,提供了数量适当、难度合理、覆盖全面的测试题,并附上了参考答案。

本书及主教材的特色包括:

(1) 配套中英文两门慕课,线上学习社区提供各种丰富的学习活动和在线答疑。中文慕课"数据库技术与程序设计"与英文慕课"Database Technology and Programming"已在学堂在线上线,包括 1000 分钟以上的慕课视频、教学课件、在线题库、教学大纲、教学计划、电子教案、拓展阅读等,并有本书作者带领的南开大学教学团队在线开展丰富的直播、竞赛、互动学习等活动,随时提供在线答疑。读者登录学堂在线首页,输入课程名称"数据库技术与程序设计"检索课程,即可获得丰富学习资源,开始在线学习。使用慕课作为翻转课堂的教师,支持期末成绩导出,支持与南开大学进行课程共建。

（2）解构传统的数据库课程内容，独创"知识点拼图"。将软件工程中的数据库系统层次模块化，重组为"知识点拼图"，每一片拼图对应一个章节，也对应数据库应用系统开发中的一个模块。知识点拼图能让学习者有大局观，既从总体上把握知识点层次架构，又能明晰各拼图之间的内在关系，从而在学习过程中，逐步解锁新的拼图模块，关联下一层知识点，采用层层递进的方式形成知识体系。主教材章节设置和结构如下图。

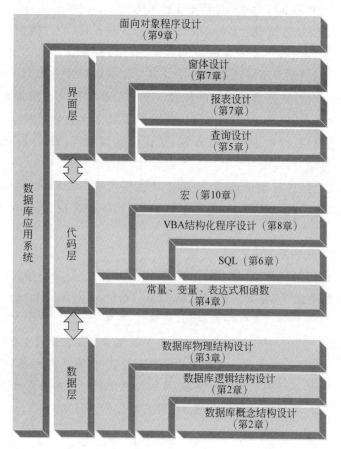

（3）创新"拼图闯关"式学习形式。可视化"学习里程图"，解锁新章节时，学生知道"我已经学习了什么(浅灰色)，我正在学习什么(黑色)，我将要学习什么(白色)"，直至完成一个数据库应用系统开发，建立完整知识技能体系。

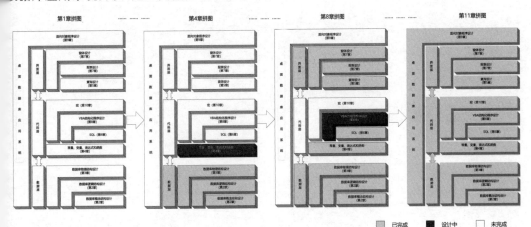

（4）授课教师采用本教材配合慕课进行翻转课堂教学时，可采用以下的教学规划，将"知识点拼图"＋"问题求解流程"＋"软件工程开发教学流程"三者结合到一起。

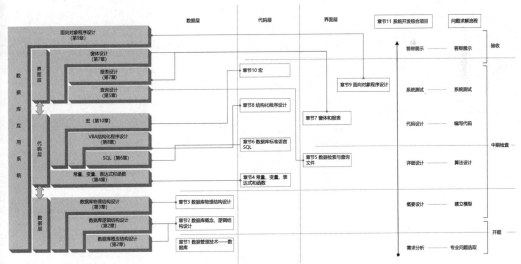

本书实验篇的第 1、3、4、7、8 章由高裴裴编写，第 2、5、6 章由张健编写，测试篇由高裴裴、张健、程茜编写，全书由程茜审校。感谢南开大学本科生李汀芷、靳一丹、魏明阳、王中伟、王澍为本书提出意见和建议。

读者可从清华大学出版社官网下载相关源码及课件。由于作者水平有限，书中难免有不足之处，恳请读者批评指正！

作者

2021 年 2 月

目 录

实 验 篇

测　试　篇

实 验 篇

第 1 章　数据库物理结构设计与维护

本章内容

本章以 Access 2016 及以上版本的数据库管理系统为环境,介绍了 Access 数据库的创建和管理方法,以及数据表的创建和维护方法。内容主要包括:

- 利用 Access 创建数据库和使用数据库。
- 创建数据表,各种不同的数据类型和数据格式的特点和使用方法,设置字段属性并录入数据,设置各种数据约束,创建表的关联关系。
- 维护数据表的基本方法,表记录的排序和筛选。

实验 1.1　数据库创建

实验要点

- 熟悉 Access 最新版本的操作界面,了解其组成结构和基本功能模块。
- 学会创建数据库,以及用选项对话框设置数据库的常规属性。
- 掌握使用字段模板和表设计视图创建数据表的方法,掌握数据的录入方法。
- 了解字段的数据类型和字段格式,掌握不同类型、不同格式数据的形式和使用方法。
- 理解数据约束的含义,学会设置数据约束。

实验内容与操作提示

本章实验创建的图书销售数据库包含三张数据表,表结构和表数据如表 1-1～表 1-6 所示。

表 1-1　"顾客"表结构

字　段　名	数据类型	字段大小
顾客号(主键)	短文本	4
顾客名	短文本	20
电话	短文本	15

表 1-2　"顾客"表记录内容

顾 客 号	顾 客 名	电 话
C001	南开大学	23504896
C002	王强	23504788
C003	郭其荣	24519845
C004	李倩玉	27450044
C005	兰岚	27834562
C006	赵鸣	26384576

表 1-3　"图书"表结构

字 段 名	数 据 类 型	字段大小/格式
书号（主键）	短文本	5
书名	短文本	20
出版社	短文本	20
书类	短文本	10
作者	短文本	10
出版日期	日期/时间	短日期
库存	数字	双精度
单价	数字	双精度

表 1-4　"图书"表记录内容

书号	书名	出版社	书类	作者	出版日期	库存/本	单价/元
B0001	红与黑	上海译文出版社	小说	司汤达	2018-6-1	2000	25.8
B0002	笑面人	人民文学出版社	小说	雨果	2018-9-1	5500	32
B0003	巴黎圣母院	上海译文出版社	小说	雨果	2018-6-1	5000	24
B0004	佛陀的前生	法音杂志社	百科	赵定成	1993-8-1	500	5.5
B0005	老北京的风俗	北京燕山出版社	生活	常人春	1990-4-1	400	6
B0006	谜苑百花	中国建材工业出版社	百科	肖艺农	1997-8-1	1000	26
B0007	茶花女	译林出版社	小说	小仲马	2017-6-1	4000	8.5
B0008	呼啸山庄	人民文学出版社	小说	勃朗特	2015-6-1	5000	12.8

表 1-5　"销售"表结构

字 段 名	数 据 类 型	字段大小/格式
订单号(主键)	短文本	5
顾客号	短文本	4
书号	短文本	5
订购日期	日期/时间	短日期
数量	数字	双精度

表 1-6　"销售"表记录内容

订 单 号	顾 客 号	书 号	订购日期	数 量/本
XS001	C002	B0007	2019/2/13	100
XS002	C003	B0008	2018/11/23	1000
XS003	C004	B0003	2019/2/5	100
XS004	C004	B0007	2017/6/2	500
XS005	C005	B0005	2017/12/21	100
XS006	C005	B0005	2018/11/14	12
XS007	C006	B0003	2017/8/20	50
XS008	C006	B0003	2019/3/12	100
XS009	C006	B0006	2018/4/17	200

顾客、图书、销售三张表的关联关系是：

图书.书号＝销售.书号

顾客.顾客号＝销售.顾客号

【例 1-1】　创建一个 Access 空白数据库"图书销售.accdb"。

(1) 启动 Access,打开 Backstage 视图。

(2) 在"文件"选项卡上,单击"新建",然后单击"空白桌面数据库"。

(3) 在"文件名"框中,有一个默认的文件名,将其更名为"图书销售.accdb"。

(4) 单击"文件名"文本框右侧的"浏览"按钮,在弹出的窗口中选定新位置来存放数据库,例如"D：\",如图 1-1 所示。

(5) 单击"创建"按钮。Access 将创建一个空数据库,该数据库默认包含一个名为"表 1"的空表,并且该表已经在"数据表"视图中打开,同时游标将被置于"单击以添加"列中的第一个空单元格中,如图 1-2 所示。

(6) 在表 1 的空白数据表中输入字段名称、设定数据类型以便添加数据,或者导入来自其他数据源的数据。之后便可以使用该数据库。

图 1-1　创建数据库

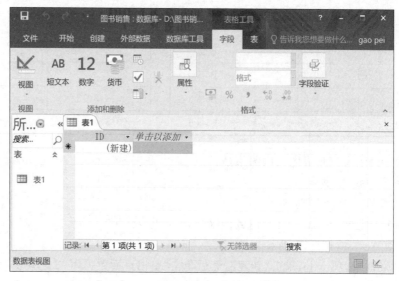

图 1-2　新建数据库"图书销售.accdb"

注意

  如果此时没有对表 1 做任何操作，直接关闭"图书销售.accdb"数据库，那么下次打开该数据库时，表 1 将消失，要创建新表则必须使用"创建"选项卡。

  【例 1-2】 在"图书销售.accdb"数据库中，用字段模板创建数据表"顾客"。

  （1）启动数据库"图书销售.accdb"。

  （2）选择"创建"选项卡，单击"表格"组中的"表"按钮，在主窗口中出现新表的数据表视图，数据表的名称默认为"表 1"。选中第一列 ID，此时"表格工具"→"字段"选项卡→"属性"

组的"名称和标题"按钮显示为可用,如图 1-3 所示。

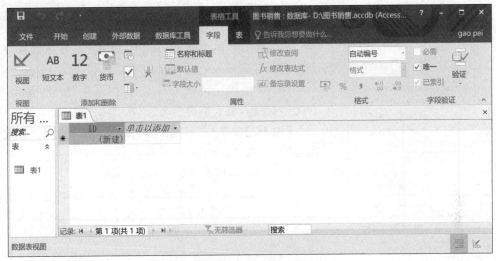

图 1-3　修改新表第一列 ID

（3）单击"名称和标题"按钮,弹出"输入字段属性"对话框,在其中的"名称"文本框中输入"顾客号",确定后返回数据表视图,如图 1-4 所示。

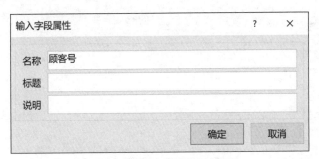

图 1-4　"输入字段属性"对话框

（4）选中新命名的"顾客号"字段,单击"表格工具"→"字段"选项卡中"格式"组的"数据类型",选择"短文本",在"属性"组的"字段大小"框中输入字段的宽度限制为"4",如图 1-5所示。

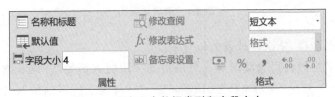

图 1-5　设定文本数据类型和字段大小

（5）在表 1 的"顾客号"字段右侧,单击"单击以添加"列,选择此字段的基本数据类型为短文本型,这样即可在该表中添加新的字段,如图 1-6 所示。

（6）此时 Access 为该字段默认命名为"字段 1",选中该字段重新输入新的字段名"顾客名",并参考步骤（4）的方法将该字段的宽度设置为 20。

图 1-6　添加新字段

（7）重复上述步骤,添加"电话"字段,并在数据表视图中为顾客表录入记录内容。

（8）单击快速访问工具栏上的"保存"按钮,弹出"另存为"对话框,将表格命名为"顾客"。

【例 1-3】　在"图书销售.accdb"中,用表设计器创建数据表"图书"。

（1）启动数据库"图书销售.accdb"。

（2）选择"创建"选项卡,选择"表格"组中的"表设计"选项。在主窗口中出现新表的表设计视图,表默认名为"表 1"。

（3）在表设计视图的第一行里输入字段名称"书号",数据类型"短文本"。在"常规"选项卡中设置字段大小为"5",字段的索引为"有（无重复）",如图 1-7 所示。

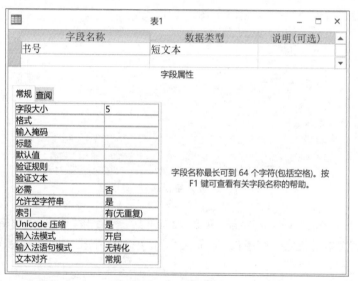

图 1-7　表设计视图

（4）重复以上步骤,依次设计表的所有字段。

（5）为"书类"字段设置查阅向导。单击书类字段的数据类型,在下拉列表框的末尾选择"查阅向导……",弹出"查阅向导"对话框,选择"自行键入所需的值"。选择列数为 1 列,在第 1 列中依次输入"小说""百科""生活";为查阅字段指定标签"书类",选定"允许多值",如图 1-8 所示。

（6）为数据表定义主键。右击设计视图的第一行"书号",在弹出的快捷菜单中选择"主

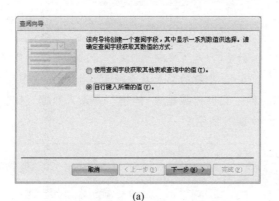

(a)

(b)　　　　　　　　　　　　　　　　(c)

图 1-8 "查阅向导"对话框

键",可见书号字段前面出现一个钥匙图标 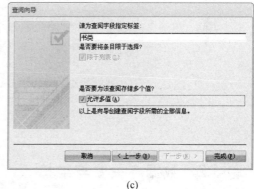。

（7）单击屏幕左上角快速访问工具栏上的"保存"按钮,弹出"另存为"对话框,输入表名称"图书",单击"确定"按钮,此时导航区中出现图书表图标。

（8）双击导航区中的图书表,在数据表视图中为图书表录入记录内容。

（9）在录入字段"书类"时,用鼠标单击数据单元格,单元格右侧会出现一个下拉按钮,单击该下拉按钮,出现如图 1-9 所示的下拉复选框。

图 1-9 下拉复选框

🦉 **注意**

由于在"查阅向导"中设置了"允许多值"的状态，因此，书类字段可以选择"小说""百科"和"生活"中的一个或多个值，但字段的总长度要受到设计视图中字段大小的限制。

最后，请随便选用一种方式创建数据表"销售"，并录入数据。销售表的主键是订单号字段。销售数据表视图如图 1-10 所示。

订单号	顾客号	书号	订购日期	数量
XS001	C002	B0007	2019/2/13	100
XS002	C003	B0008	2018/11/23	1000
XS003	C004	B0003	2019/2/5	100
XS004	C004	B0007	2017/6/2	500
XS005	C005	B0005	2017/12/21	100
XS006	C005	B0005	2018/11/14	12
XS007	C006	B0003	2017/8/20	50
XS008	C006	B0003	2019/3/12	100
XS009	C006	B0006	2018/4/17	200

图 1-10　销售数据表视图

实验 1.2　数据库关联与维护

📋 **实验要点**

- 理解参照完整性的含义，练习设计数据表之间的关联关系和参照完整性。
- 掌握数据表的编辑方法，修改表结构，编辑表内容，调整表外观。
- 掌握对数据表记录排序的方法。
- 掌握对数据表记录筛选的方法。

✖️ **实验内容与操作提示**

【例 1-4】　为"图书销售.accdb"中的三张数据表建立关联关系。

（1）打开图书销售数据库。

（2）选择"数据库工具"选项卡，单击"关系"组中的"关系"按钮，打开"关系"窗口。如果是第一次打开"关系"窗口，将自动弹出"显示表"对话框。如果"显示表"对话框没有自动出现，可以在"关系工具"→"设计"选项卡的"关系"组中，单击"显示表"按钮。

（3）在"显示表"对话框中依次双击"图书""销售"和"顾客"表，将三张表添加到"关系"窗口。

（4）在这三张表中存在两对关系，在"图书-销售"关系中，图书是父表，销售是子表；在"顾客-销售"关系中，顾客是父表，销售是子表。将父表的主键和子表的外键相连接：用鼠标将图书的书号字段拖动至销售表的书号字段处，弹出"编辑关系"对话框，如图 1-11 所示。

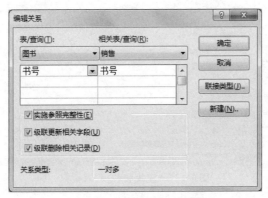

图 1-11　"编辑关系"对话框

　　将"实施参照完成性""级联更新相关字段"和"级联删除相关记录"的复选框设为选定状态,单击"确定"按钮。

　　(5) 重复步骤(4),将顾客表的顾客号字段拖动至销售表的顾客号字段处,建立顾客表和销售表的参照完整性。设置后的"关系"窗口如图 1-12 所示。

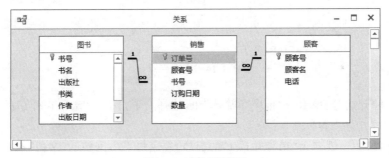

图 1-12　"关系"窗口

【例 1-5】　在销售表中添加、删除、查找记录。

　　(1) 打开图书销售数据库,在左侧的导航窗格中双击销售表,打开表数据视图。

　　(2) 添加记录。表数据最后一条记录下方有一条用"*"标记的空白记录,在该条记录中输入"XS010,C002,B0007,2019-9-1,200"。

　　(3) 删除记录。将鼠标放置在最后一条记录上,单击右键,选择"删除记录",弹出确认对话框,单击"是"按钮将彻底删除记录,注意该操作不可逆。

　　(4) 查找订购 B0007 号图书的销售记录。打开销售表的数据表视图,在销售表中单击书号字段的字段名,选择"开始"选项卡,单击"查找"组中的"查找"按钮,弹出"查找和替换"对话框。在"查找内容"中输入查找目标对象"B0007",多次单击"查找下一个"按钮,将依次选中所有目标数据,如图 1-13 和图 1-14 所示。

【例 1-6】　在销售表中,将记录按照顾客号升序排列,同一个顾客的订购记录按照订购数量降序排列。

　　(1) 打开图书销售数据库,在左侧的导航窗格中双击销售表,打开表数据视图。

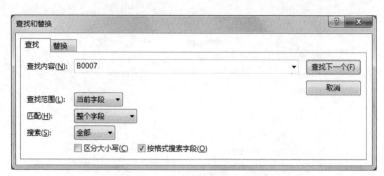

图 1-13 “查找和替换”对话框

订单号	顾客号	书号	订购日期	数量
XS001	C002	B0007	2019/2/13	100
XS002	C003	B0008	2018/11/23	1000
XS004	C004	B0007	2017/6/2	500
XS003	C004	B0003	2019/2/5	100
XS005	C005	B0005	2017/12/21	100
XS006	C005	B0005	2018/11/14	12
XS009	C006	B0006	2018/4/17	200
XS008	C006	B0003	2019/3/12	100
XS007	C006	B0003	2017/8/20	50

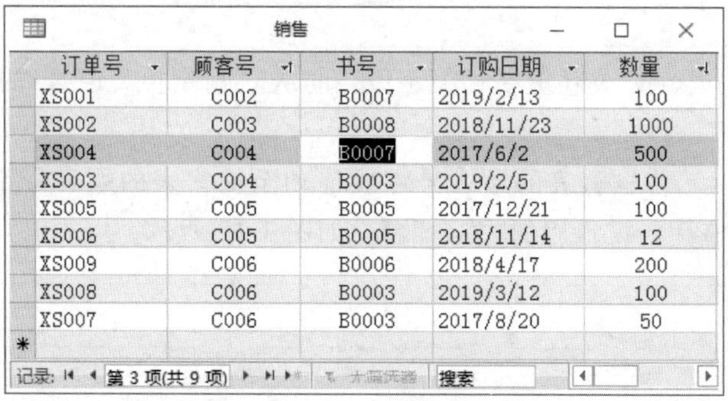

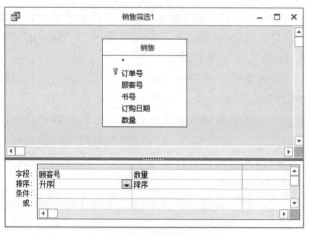

图 1-14 选中目标

（2）选择“开始”选项卡→“排序和筛选”组，选择右下角的“高级”，在弹出的菜单中选择“高级筛选”→“排序”选项。

（3）主窗口中出现名为“销售筛选 1”的窗口，在窗口下方网格的“字段”栏中按顺序选择顾客号和数量，在对应的“排序”栏中按顺序选择“升序”“降序”。“销售筛选 1”的窗口如图 1-15 所示。

图 1-15 按多个字段排序 1

（4）在"排序和筛选"组中，单击右下角的"应用筛选"按钮，在销售表的数据表视图中查看排序结果，如图 1-16 所示。

图 1-16　按多个字段排序 2

【例 1-7】　实现数据筛选。筛选单价大于 20 元的图书。

（1）打开图书销售数据库，在左侧的导航窗格中双击图书表，打开数据表视图。

（2）在数据表视图中选中单价字段，选择"开始"选项卡→"排序和筛选"组，选择"筛选器"，如图 1-17 所示。

图 1-17　筛选器

（3）在弹出的"筛选器"菜单中，选择"数字筛选器"，在级联菜单中选择"大于"，弹出"自定义筛选"对话框，如图 1-18 所示。在对话框中"单价大于或等于"输入"20"，单击"确定"按钮。数据表视图中显示的筛选结果如图 1-19 所示。

图 1-18　自定义筛选

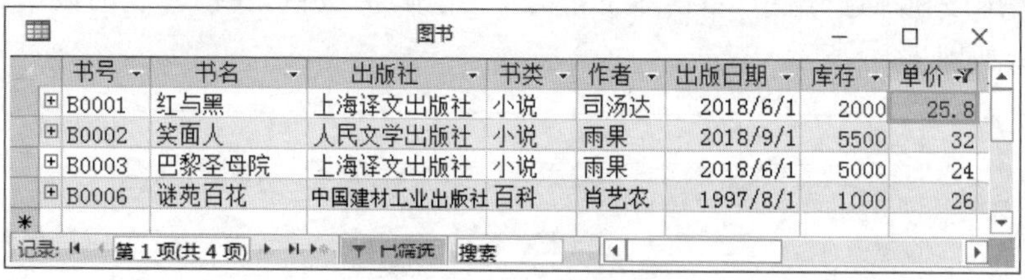

书号	书名	出版社	书类	作者	出版日期	库存	单价
⊞ B0001	红与黑	上海译文出版社	小说	司汤达	2018/6/1	2000	25.8
⊞ B0002	笑面人	人民文学出版社	小说	雨果	2018/9/1	5500	32
⊞ B0003	巴黎圣母院	上海译文出版社	小说	雨果	2018/6/1	5000	24
⊞ B0006	谜苑百花	中国建材工业出版社	百科	肖艺农	1997/8/1	1000	26

记录：◄ ◄ 第1项(共4项) ► ►◄ ► ▽ 已筛选 搜索

图 1-19 筛选结果

（4）选择"开始"选项卡→"排序和筛选"组，单击"切换筛选"按钮，即可取消筛选，让数据表视图显示所有记录。

【例 1-8】 使用高级筛选，筛选小说类图书中库存量不少于 5000 册的图书。

（1）打开图书销售数据库，在左侧的导航窗格中双击图书表，打开数据表视图。

（2）选择"开始"选项卡→"排序和筛选"组，选择"高级"，在弹出的菜单中选择"高级筛选"→"排序"选项。

（3）主窗口中出现名为"图书筛选1"的窗口，在窗口下方网格的"字段"栏中分别选择书类、库存，在"条件"栏的"书类"下方输入"小说"，在"库存"下方输入"＞＝5000"。"图书筛选1"的窗口如图 1-20 所示。

图 1-20 筛选窗口

（4）在"排序和筛选"组中，单击右下角的"应用筛选"按钮，在图书表的数据表视图中查看排序结果，如图 1-21 所示。

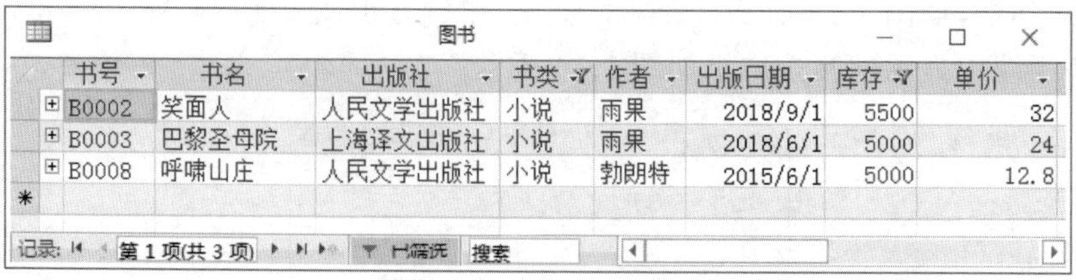

书号	书名	出版社	书类	作者	出版日期	库存	单价
⊞ B0002	笑面人	人民文学出版社	小说	雨果	2018/9/1	5500	32
⊞ B0003	巴黎圣母院	上海译文出版社	小说	雨果	2018/6/1	5000	24
⊞ B0008	呼啸山庄	人民文学出版社	小说	勃朗特	2015/6/1	5000	12.8

记录：◄ ◄ 第1项(共3项) ► ►◄ ► ▽ 已筛选 搜索

图 1-21 筛选结果

第2章 常量、变量、表达式与函数

本章内容

本章介绍 Access 的基础知识，其中包括 Access 支持的数据类型，常量、变量、数组、函数和表达式的定义和使用方法。内容主要包括：

- Access 支持的基本数据类型。
- 常量的分类、书写规则和使用。
- 变量与数组分类、定义和使用。
- 表达式与函数的定义和使用。

实验 2.1 VBA 环境下的常变量、表达式与函数

实验要点

- 熟悉 VBA 集成开发环境。
- 掌握 Access 支持的基本数据类型。
- 掌握常量、变量、函数和表达式的书写规则和使用。

实验内容与操作提示

【例 2-1】 立即窗口的使用，在立即窗口中输出当前日期和当前时间。

(1) 新建一个空数据库，如图 2-1 所示，单击"创建"按钮。

(2) 进入图 2-2 界面后，选择"创建"选项卡，然后再选择创建"模块"，进入 Microsoft Visual Basic for Application 模块（简称 VBA）。（注：教材上使用另一种方式打开 VBA）

(3) 在图 2-3 界面中，选择"视图"菜单中的"立即窗口"即可打开该窗口。本章所有的练习都将在立即窗口中运行（注：教材上使用另一种方式打开 VBA）。

(4) 在"立即窗口"中输出常量、变量、表达式等对象的值，要使用"? 表达式"命令或者"print 表达式"命令。这两个命令的功能是先计算表达式的值，然后将值显示在"立即窗口"里，如图 2-4 所示。注意：date() 和 time() 是系统提供（或称系统内置）的两个函数。

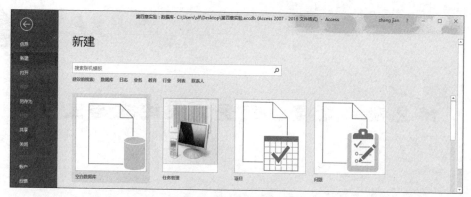

图 2-1　创建空数据库

图 2-2　创建模块

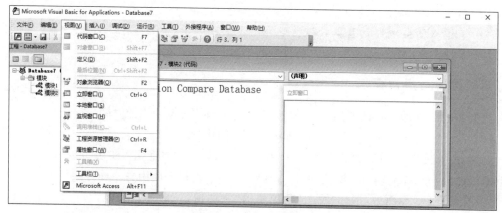

图 2-3　打开"立即窗口"

（5）"?"命令或者"print"命令也可以输出多个表达式。表达式之间用","或者";"来作间隔符，如图 2-5 所示（注意：所有出现在"立即窗口"中的标点符号，都应该是英文的符号，当然，字符串内部的标点符号例外）。

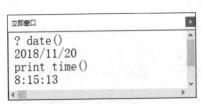

图 2-4　输出命令示例

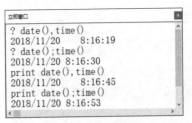

图 2-5　分隔符示例

🦉**注意**

若删除"立即窗口"里的内容,需要选中待删除的内容,然后按 Delete 键即可。

【例 2-2】　在"立即窗口"中输入如下命令,观察输出值,如图 2-6 所示。

🦉**注意**

输出正数的时候能够看到前面有一个空格,这是符号位,正号省略不写;输出负号的时候,效果如图 2-6 所示。

【例 2-3】　在"立即窗口"中输入如下命令,观察输出值,如图 2-7 所示。

🦉**注意**

科学记数法中 0.28e5 表示 0.28×10^5;2e-5 表示 2×10^{-5}。

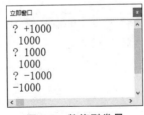

图 2-6　数值型常量

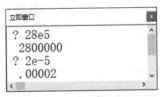

图 2-7　科学记数法

【例 2-4】　在"立即窗口"中输入如下命令,观察输出值,如图 2-8 所示。

🦉**注意**

5%的形式不表示 0.05,由上面的输出结果可以看出,其值是 5,"%"在 Access 中表示的是整型数据,不表示百分之多少的含义。

【例 2-5】　在"立即窗口"中输入如下命令,观察输出值,如图 2-9 所示。

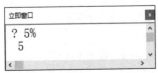

图 2-8　百分号不表示百分之一

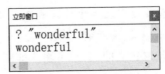

图 2-9　字符串常量

🦉**注意**

如图 2-9 所示字符串的内容是 wonderful，双引号是字符串常量的定界符，不是字符串的一部分，输出时并不显示。但如果字符串本身包括双引号，例如，字符串内容就是"wonderful"，那么要在待输出的双引号前再加上双引号。同样，如果在字符串中间出现双引号，处理方式类似，如图 2-10 所示。

【**例 2-6**】 在"立即窗口"中输入如下命令，观察输出值，如图 2-11 所示。

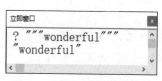

图 2-10 带双引号的字符串

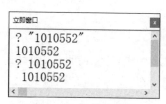

图 2-11 相似的常量

🦉**注意**

两次输出的结构看起来一样，但是两个数据的类型不一样。"101052"表示的是字符串，是一个编号，不表示大小；而 1010552 表示一个数字。

【**例 2-7**】 在"立即窗口"中输入如图 2-12 所示的命令，观察输出值。

🦉**注意**

系统会把日期识别成比较近的时间，例如，98 年会识别为 1998 年，而不会识别为 2098年，当写入 03 作为年份时，系统会识别为 2003，不会识别为 1903。

【**例 2-8**】 在"立即窗口"中输入如图 2-13 所示的命令，观察输出值。

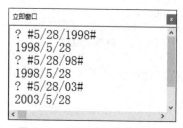

图 2-12 系统对日期的识别 1

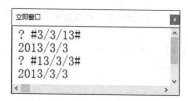

图 2-13 系统对日期的识别 2

🦉**注意**

系统会尽量按合理的方式来解释日期，第二条命令不会理解为 03 年 13 月 3 日。所以在输入日期时，要尽量清晰。

【**例 2-9**】 在"立即窗口"中输入如图 2-14 所示的命令，观察输出值。

图 2-14　逻辑型常量

🦉**注意**

逻辑值转换为数值型时，False 转换为 0，True 转换为 −1。

【**例 2-10**】　将下面左侧的数学表达式写成 Access 能够识别的表达式，并计算当 a＝3，b＝4，c＝5，d＝6 时表达式的值，如图 2-15 所示。

$$\frac{a+b}{\dfrac{1}{c+5}-\dfrac{1}{2}cd}$$

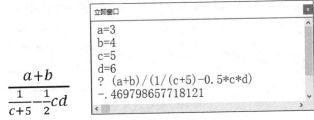

图 2-15　正确书写表达式

🦉**注意**

书写表达式的时候，先计算的式子要放在括号当中。

【**例 2-11**】　在"立即窗口"中输入如图 2-16 所示的命令，观察运行情况。

图 2-16　dim 命令的使用

🦉**注意**

变量和数组的声明命令"dim"不能在"立即窗口"中出现，要在模块当中使用。

【例 2-12】 在"立即窗口"中输入如图 2-17 所示的命令，观察输出值。

👁 **注意**

"/"是除法运算符，"\"是整除运算符。但如果除数或者被除数不是整数，系统会先将数据转换为整数，再做整除，如图 2-18 所示。

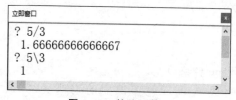

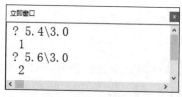

图 2-17　整除运算 1　　　　　　　　　　图 2-18　整除运算 2

【例 2-13】 在"立即窗口"中输入如图 2-19 所示的命令，观察输出值。

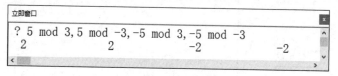

图 2-19　mod 运算符

👁 **注意**

求余运算，运算后得到余数的正负与表达式中被除数的正负一致。

【例 2-14】 在"立即窗口"中输入如图 2-20 所示的命令，观察输出值。

👁 **注意**

"＋"运算符既可以进行加法运算又可以进行字符串连接运算。第二个式子中，"123"被强制转换为数值 123，然后做加法。

【例 2-15】 在"立即窗口"中输入如图 2-21 所示的命令，观察输出值。

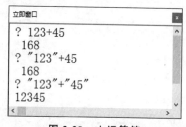

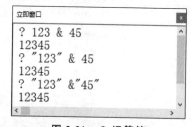

图 2-20　＋运算符　　　　　　　　　　图 2-21　& 运算符

👁 **注意**

"&"运算符只能做字符串连接运算。

【例 2-16】 已知变量 money 存储的值 300 是某个班的班费,若要在"立即窗口"中输出：二班班费 300 元,如何书写表达式?

　　? "二班班费" & money & "元"

表达式如图 2-22 所示。

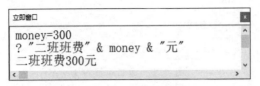

图 2-22　使用 & 运算符写表达式

🦉 **注意**

使用变量 money,而不是使用常量 300,这是因为班费会不断发生变化。

【例 2-17】 在"立即窗口"中输入如图 2-23 所示的命令,观察输出值。

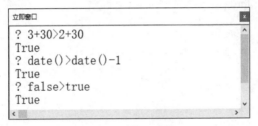

图 2-23　比较运算符

🦉 **注意**

数字型数据(常量、变量或者表达式的值)进行比较时,按照代表数值的大小确定比较结果;货币型数据与数值型数据相同(货币型数据不能直接在"立即窗口"中使用);系统默认逻辑型数据的 False 大于 True;日期型比较时,后面的日期比较大。例如,今天比昨天大。

【例 2-18】 在"立即窗口"中输入如图 2-24 所示的命令,观察输出值。

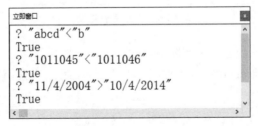

图 2-24　字符串比较

🦉 **注意**

字符串是按位比较的,第三个式子中,数据看起来像日期,但是实际并不是日期,而是字符串。字符串按位比较，第一位相同，第二位“1”比“0”大，所以第一个字符串大。

【例 2-19】 在“立即窗口”中输入如图 2-25 和图 2-26 所示的命令，观察 not、and 和 c运算符的运算规律。

```
立即窗口
? not True
False
? not 3>2
False
```

图 2-25 逻辑运算符 1

```
立即窗口
? True and "a"<"b"
True
? True and False
False
? True or "a"<"b"
True
? 1>2 or 3>4
False
```

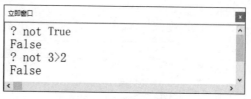

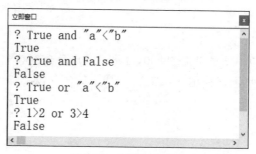

图 2-26 逻辑运算符 2

注意

以上演示的是逻辑运算符的运算规则，运算规则需要读者掌握。

【例 2-20】 在“立即窗口”中输入如图 2-27 所示的命令，观察绝对值函数 abs()、符号函数 sgn()的使用。

```
立即窗口
a=60
? abs(a-68), abs(68-a), sgn(a-68), sgn(68-a)
 8            8           -1            1
```

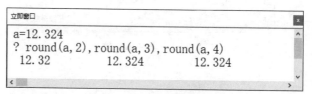

图 2-27 abs()函数的使用

说明：可以利用 sgn()函数来判断正负数。

【例 2-21】 在“立即窗口”中输入如图 2-28 所示的命令，观察函数 round()的功能。

```
立即窗口
a=12.324
? round(a, 2), round(a, 3), round(a, 4)
 12.32          12.324         12.324
```

图 2-28 round()函数的使用

注意

（1）最后一个 round() 函数运算时，指定的小数位数超过实际小数位数，小数位数不再增加。

（2）round() 函数遵循"奇入偶不入"原则，如图 2-29 所示的例子，"5"后面没有数字的情况下，如果"5"的前面是奇数则进位，"5"的前面是偶数则不进位。但如果超过"5"，全都要进位，如图 2-30 所示。

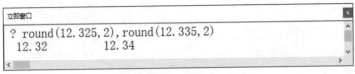

图 2-29 "奇入偶不入"原则

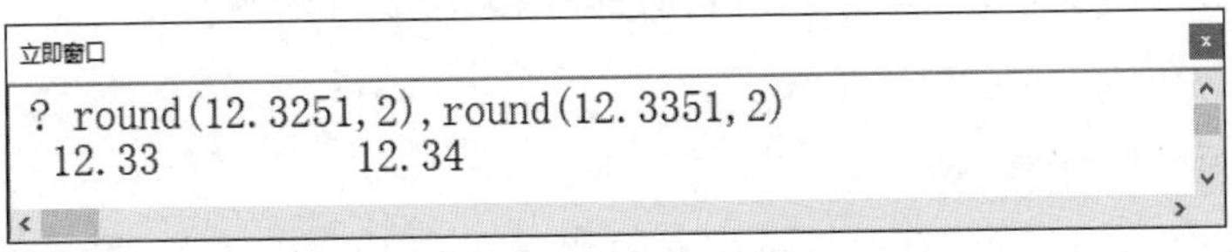

立即窗口
? round(12.3251, 2), round(12.3351, 2)
12.33   12.34

图 2-30 大于 5 进位

【例 2-22】 在"立即窗口"中输入如图 2-31 所示的命令，观察取整函数 int() 的功能。

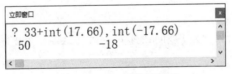

图 2-31 int() 函数的使用

【例 2-23】 已知平面直角坐标系中横轴上两个点的横坐标为 x1, x2，求两个点之间的距离 d，请在"立即窗口"中给出具体数值验证，如图 2-32 所示。

D=abs(x1-x2)

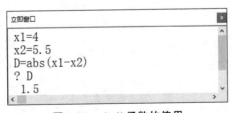

立即窗口
x1=4
x2=5.5
D=abs(x1-x2)
? D
1.5

图 2-32 abs() 函数的使用

【例 2-24】 已知两个点的坐标 A(x1,y1)、B(x2,y2)，求两个点之间的距离 d。表达式如何书写，请给出点的数值，上机验证，如图 2-33 所示。

```
D=sqr((x1-x2)^2+(y1-y2)^2)
```

【例2-25】 随机产生一个大写字母的表达式是什么？请在立即窗口中验证，如图2-3所示。

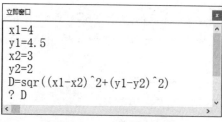

图2-33 sqr()函数的使用

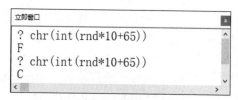

图2-34 函数嵌套

在直角坐标系中，假设 x 和 y 是其中任意一点的坐标值。用 x 与 y 表示点在第一象限或第三象限的表达式如下所示。请给出点的具体坐标值并上机验证。

第一种表达式：x>0 and y>0 or x<0 and y<0
第二种表达式：x * y>0

【例2-26】 发送快递时，若包裹重量不超过一千克，快递费为12元，如果超过一千克，则超重部分每千克收费10元，写出计算超过一千克以后快递费的表达式。假设用变量 weight 表示重量，请在"立即窗口"中给出重量值，进行验证。

```
? 12+(weight-1) * 10
```

使用 IIF() 函数求任意一个包裹的快递费的表达式，如何书写？

```
? IIF(weight>1, 12+(weight-1) * 10,12)
```

【例2-27】 已知三角形的三条边长分别是 a,b,c，请写出判断这三条边能够组成三角形的条件，如图2-35所示。

```
? a+b>c and a+c>b and b+c>a
```

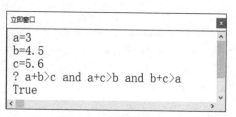

图2-35 表达式书写1

【例2-28】 变量 x 小于10并且大于6的表达式如何书写？如图2-36所示。

```
x<10 and x>6
```

```
立即窗口
x=7
? x>6 and x<10
True
```

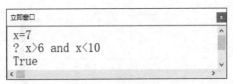

图 2-36 表达式书写 2

【例 2-29】 写出由出生日期计算年龄的命令序列，如图 2-37 所示。

```
立即窗口
出生日期=#2000-05-21#
? year(date) - year(出生日期)
 21
```

图 2-37 year()函数使用

【例 2-30】 设系统日期为 2018 年 11 月 20 日，计算下列表达式的值。

```
?  val(mid("2009",3)+right(str(year(date())),2))+17
```

表达式分析过程如下：

val(mid("2009",3)+right(str(year(date())),2))+17
val(mid("2009",3)+right(str(year(date())),2))
mid("2009",3)+right(str(year(date())),2)
str(year(date()))
year(date())
date()

表达式计算过程如图 2-38 所示。

```
立即窗口
? date()
2018/11/20
? year(date())
 2018
? str(year(date()))
 2018
? right(str(year(date())),2)
18
? mid("2009",3)
09
? mid("2009",3)+right(str(year(date())),2)
0918
? val(mid("2009",3)+right(str(year(date())),2))
 918
? val(mid("2009",3)+right(str(year(date())),2))+17
 935
```

图 2-38 多重函数嵌套

【例 2-31】　判断你的生日是一个星期中的第几天，并且输出"我的生日是星期 ＊"，如图 2-39 所示。

```
立即窗口                                              x
birthday=#2000-5-23#
? weekday(birthday)
 3
?"我的生日是一个星期中的第" & weekday(birthday) & "天"
我的生日是一个星期中的第3天
?"我的生日是星期" & weekday(birthday)-1
我的生日是星期2
```

图 2-39　weekday()函数的使用

注意

在 Access 中认为一个星期的第一天是星期日，第七天是星期六。请思考，生日如果是星期日该如何解决？

【例 2-32】　按照年月日的形式输出今天的日期，例如 2018 年 11 月 20 日，如图 2-40 所示。

```
立即窗口                                              x
? date()
2018/11/20
today=date()
?"今天是" & str(year(today)) & "年" & str(month(today)) & "月" & str(day(today)) & "日"
今天是 2018年 11月 20日
```

图 2-40　书写较复杂的表达式 1

【例 2-33】　如果我们想在某一个表达式或者某一个程序当中输出"(x\y)＊y＝运算结果"这种形式时，应该怎么书写表达式呢？请在"立即窗口"中输入如下命令，观察输出值，如图 2-41 所示。

```
立即窗口                                              x
x=35
y=20
? (x\y)*y
 20
?"(" & x & "\" & y & ")*" & y & "=" & (x\y)*y
(35\20)*20=20
```

图 2-41　书写较复杂的表达式 2

注意

当我们想输出括号、等号等内容时要把它作为字符串常量来处理。

【例 2-34】　假定一个学生毕业时间是 2025 年 6 月 30 日,计算现在到毕业还有多少个星期,如图 2-42 所示。

```
?datediff("w",now,#6/30/2025#)
```

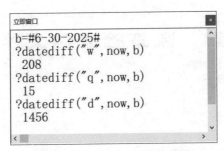

图 2-42　datediff()函数的使用

【例 2-35】　下列符号中合法的变量名是(　　　)。

A. AB7　　　　　　B. 7AB　　　　　　C. If　　　　　　　D. A[B]7

说明　A 选项是正确的,AB7 是合法的变量名。

B 选项 7AB 不是合法的变量名,原因是变量名不能以数字开头。

C 选项 If 是系统保留字,不能作变量名。

D 选项 A[B]7 不合法,原因是变量中不能出现中括号。

【例 2-36】　下面数据中为合法常量的是(　　　)。

A. 02/07/2001　　　B. Yes　　　　　　C. True　　　　　　D. 15％

说明　A 选项不是常量,是除法表达式,表示 2 除以 7 再除以 2001。

B 选项是一个合法的变量名,不是常量,如果想表示 Yes 是一个字符串,要表示为"Yes"。

C 选项是逻辑值 True。

D 选项 15％在 VBA 中不表示百分之十五,如果是运算表达式 15％＋3,运算结果是 18,％在 VBA 中表示整型的量,虽然也能运算,但一般不在常量后面加百分号。因此本题的答案是 C。

【例 2-37】　下面合法的常数是(　　　)。

A. ABC ＄　　　　　B. "ABC "　　　　C. 'ABC '　　　　　D. ABC

说明　B 选项是正确答案。ABC ＄在特定情况下是合法变量名,'ABC'什么也不是,ABC 是合法变量名。

【例 2-38】　下列表达式中不符合表达式书写规则的是(　　　)。

A. 04/07/2001　　　B. T＋T　　　　　C. VAL("1234")　　D. 2X＞15

说明　A 选项中的 04/07/2001 是一个除法表达式。

B 选项中的 T＋T 表示两个变量做加法运算或者连接运算,具体是哪一种由变量 T 的类型决定。

C 选项中的 VAL("1234")是将字符型常量转换成数值型。

D 选项中的 2X＞15 应该写成 2＊X＞15,所以不符合表达式书写规则。

第 3 章　数据检索与文件查询

本章内容

本章介绍了查询的基本概念、查询的功能分类，以及使用 Access 数据库查询工具创建各种不同查询文件的一般过程。内容主要包括：

- 查询的概念、功能和分类。
- 选择查询的功能和创建方法。
- 参数查询的功能和创建方法。
- 操作查询的功能和创建方法。
- 其他特殊查询的功能和创建方法。

实验 3.1　设计选择、参数查询

实验要点

- 熟悉 Access 创建查询文件的操作界面，掌握创建查询的一般过程。
- 熟练掌握各种选择查询的创建方法，会正确设置查询设计网格来解决实际问题。
- 学会正确使用表达式和函数。
- 熟练掌握汇总查询结果的方法。
- 掌握参数查询的设计方法和运行方法。

实验内容与操作提示

本章所有实验均在"图书销售.accdb"数据库和"教学管理.accdb"数据库中实现。

由于"多值字段"会对部分查询操作造成影响，请将图书表中"书类"字段的多值属性去除，有必要的话可以删除这一字段并重建。

【例 3-1】　创建一个查询文件，查询图书的订购信息，包括书号、书名、单价、顾客号、订购日期和数量，并将查询文件命名为查询 1。

（1）打开查询文件设计视图，在"显示表"对话框中选择查询数据源："图书"和"销售"表。

（2）在查询设计视图设计网格中的"字段"网格里，依次添加所需字段，如图 3-1 所示。

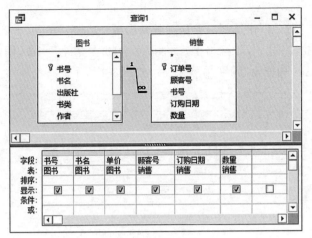

图 3-1 查询设计

（3）保存并将查询文件命名为"查询 1"。单击"查询工具"选项卡上的"设计"，单击"结果"组中的"运行"按钮，结果如图 3-2 所示。

书号	书名	单价	顾客号	订购日期	数量
B0003	巴黎圣母院	24	C004	2019/2/5	100
B0003	巴黎圣母院	24	C006	2017/8/20	50
B0003	巴黎圣母院	24	C006	2019/3/12	100
B0005	老北京的风俗	6	C005	2017/12/21	100
B0005	老北京的风俗	6	C005	2018/11/14	12
B0006	谜苑百花	26	C006	2018/4/17	200
B0007	茶花女	8.5	C002	2019/2/13	100
B0007	茶花女	8.5	C004	2017/6/2	500
B0007	茶花女	8.5	C002	2019/9/1	200
B0008	呼啸山庄	12.8	C003	2018/11/23	1000

图 3-2 查询结果

【例 3-2】 在"查询 1"的查询结果中，添加顾客名，保存为"查询 2"。

（1）在导航窗格的"查询 1"上单击右键，选择设计视图。

（2）单击"开始"选项卡→"另存为"→"对象另存为"，在弹出的"另存为"对话框中将新查询命名为"查询 2"，如图 3-3 所示。

图 3-3 "另存为"对话框

（3）在查询设计视图上方数据源区域的空白位置单击右键,选择"显示表",弹出"显示表"对话框。

（4）在"显示表"对话框中选择需要添加的数据源:"顾客"表。

（5）在设计网格中的"字段"网格里,添加顾客表的"顾客名"字段,用鼠标选中设计网格的"顾客名"列,将这一列拖至"顾客号"列之后,如图 3-4 所示。

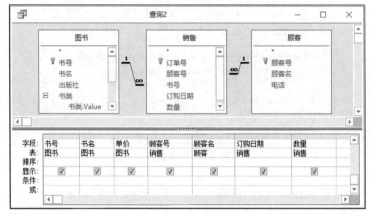

图 3-4　添加查询字段

（6）保存并运行查询,结果如图 3-5 所示。

书号	书名	单价	顾客号	顾客名	订购日期	数量
B0007	茶花女	8.5	C002	王强	2019/2/13	100
B0008	呼啸山庄	12.8	C003	郭其荣	2018/11/23	1000
B0003	巴黎圣母院	24	C004	李倩玉	2019/2/5	100
B0007	茶花女	8.5	C004	李倩玉	2017/6/2	500
B0005	老北京的风俗	6	C005	兰岚	2017/12/21	100
B0005	老北京的风俗	6	C005	兰岚	2018/11/14	12
B0003	巴黎圣母院	24	C006	赵鸣	2017/8/20	50
B0003	巴黎圣母院	24	C006	赵鸣	2019/3/12	100
B0006	谜苑百花	26	C006	赵鸣	2018/4/17	200
B0007	茶花女	8.5	C002	王强	2019/9/1	200

记录 ◀ 第1项(共 10 项) ▶ ▶▶ ▶ᐩ 无筛选器　搜索

图 3-5　查询结果

【例 3-3】　在"查询 2"的查询结果中,只显示"小说"或"百科"类图书的订购信息,查询结果按照图书号升序排列,同一种图书的订购记录按照订购数量降序排列,将该查询保存为"查询 3"。

（1）将"查询 2"另存为"查询 3"。

（2）在设计网格中的"字段"网格里,添加图书表的"书类"字段,在该字段下方的"条件"网格中输入查询条件:"小说 Or 百科"。

🦉**注意**

可以不必为表达式中的"小说"和"百科"单独加引号,系统在检测到这两个字段是短文本类型后,会自动添加引号。

（3）将设计网格中“书类”字段的“显示”复选框取消选定状态,表示在查询结果中,书类的限制条件虽然起作用,但是该字段并不显示。

（4）将设计网格中“书号”字段的“排序”网格设置为“升序”,将“数量”字段的“排序”网格设置为“降序”,如图 3-6 所示。

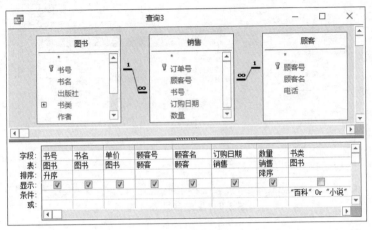

图 3-6　查询设计

（5）保存并运行查询。结果如图 3-7 所示。

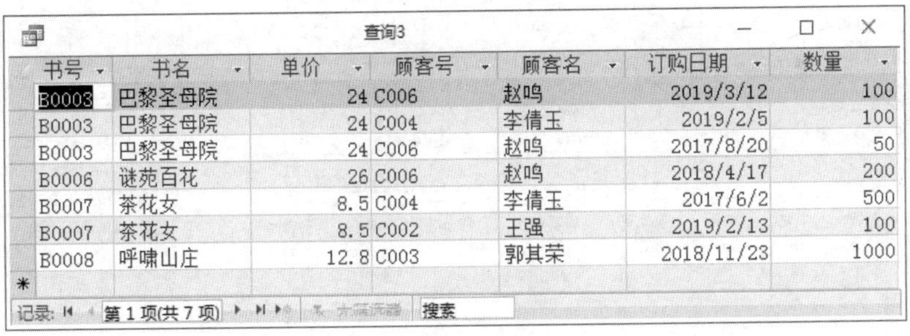

图 3-7　查询结果

【例 3-4】　在例 3-3 创建的“查询 3”的查询结果中,添加一个新的查询字段“货款”,显示每条记录订购图书的总价,货款＝单价×数量。将该查询保存为“查询 4”。

（1）将“查询 3”另存为“查询 4”。

（2）在查询设计视图设计网格中添加新字段。在空白的“字段”网格里单击右键,选择“生成器”,输入表达式:“货款:［单价］*［数量］”,如图 3-8 所示,单击“确定”按钮。

注意

表达式中的冒号必须使用英文格式,否则系统将提示“输入的表达式包含无效语法”。

（3）查询设计网格如图 3-9 所示。

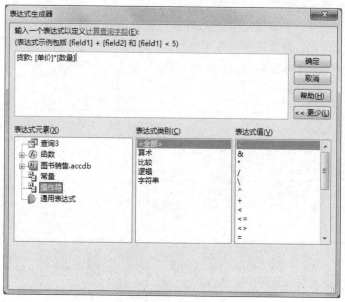

图 3-8　生成字段表达式

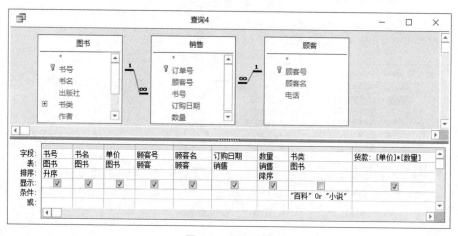

图 3-9　查询设计

（4）保存并运行查询。

【例 3-5】　对例 3-4 创建的"查询 4"的查询结果进行分类汇总，统计所有图书在 2016 年以后产生的订购总量和总货款，要求显示总货款在 5000～10 000 元（包含 5000 和 10 000）的订购信息，结果字段包括书号、书名、单价、订购总量和货款总计，并按照书号升序排列。将该查询保存为"查询 5"。

（1）将"查询 4"另存为"查询 5"。

（2）删除设计网格中"顾客号""顾客名""书类"列。

（3）在设计网格上单击右键，在菜单中选择"汇总"，设计网格中多出一个"总计"行。

（4）在"数量"和"货款"两列的"总计"网格中选择"合计"，表示对这两列求和。在"订购日期"字段的"总计"网格中选择 Where，表示该字段将设置查询条件。其余字段的"总计"网格保持默认选项 Group By。

（5）为"货款"字段设置条件。在设计网格"货款"字段的"条件"网格中输入条件："Between 5000 And 10000"。

（6）为"订购日期"字段设置条件。在设计网格"订购日期"字段的"条件"网格中输入条件："＞♯2016-1-1♯"。

注意

日期表达式中的"♯"也可以不输入，当 Access 检测到该数据为日期类型时，会自动添加♯号。

（7）取消"数量"字段下方的"降序"排序设置。查询设计如图 3-10 所示。

（8）保存并运行查询。

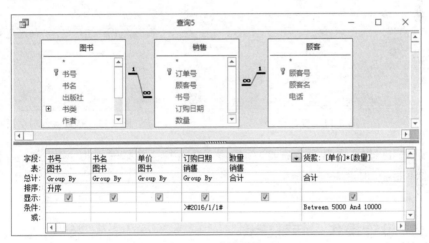

图 3-10　查询设计

思考

例 3-5 中，汇总图书订购信息时，为什么要删除设计网格中"顾客号"和"顾客名"列？

【例 3-6】　按照用户输入的图书类别参数，统计该类图书的个数。将该查询保存为"查询 6"。

（1）创建"查询 6"，在"显示表"对话框中选择数据源："图书"表。

（2）在设计网格的"字段"网格里，添加所需字段"书类"和"书号"。

（3）在设计网格中单击右键，在弹出的菜单中选择"汇总"，设计网格中多出一个"总计"行。

（4）在"书号"字段的"总计"网格中选择"计数"表示统计书号的个数。"书类"字段的"总计"网格保持默认选项 Group By。

（5）为"书类"字段的"条件"网格中输入参数提示信息：［请输入图书类别：小说、百科或生活］，查询设计如图 3-11 所示。

注意

提示信息必须使用方括号全部括起来，这样，在执行书类字段的条件筛选时，将弹出包含该提示信息的对话框，等待用户输入参数。

（6）运行查询，将弹出如图 3-12 所示的参数输入对话框。

图 3-11　查询设计

图 3-12　参数输入对话框

（7）此时可以输入参数进行查询，例如输入"小说"。如果输入小说、百科、生活之外的参数，查询不报错，但没有查询结果。

实验 3.2　设计操作、特殊查询

实验要点

- 了解操作查询的概念，学会熟练使用生成表查询、追加查询、更新查询和删除查询修改数据库内容。
- 会使用交叉表查询、查找重复项和不匹配项的方法。

实验内容与操作提示

【例 3-7】　创建生成表查询。为图书销售数据库生成新数据表，表字段包括书名、出版社、书类、顾客名和数量，表中只包含"小说"类的图书数据。生成的新表命名为"图书销售明细表"。将该查询保存为"查询 7"。

（1）创建查询文件，添加查询数据源"图书""销售"和"顾客"。

（2）在设计网格的"字段"网格里，添加所需字段：书名、出版社、书类、顾客名和数量。

（3）为"书类"字段的"条件"网格输入查询条件"小说"，查询设计如图 3-13 所示。

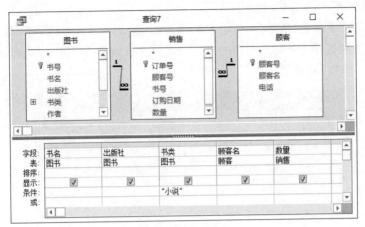

图 3-13　查询设计

（4）选择功能区中"查询工具"中的"设计"，在"查询类型"组中单击"生成表"，弹出如图 3-14 所示的"生成表"对话框。

图 3-14　"生成表"对话框

（5）为新表命名，选择将新表保存在当前数据库。此时新表还没有生成，还必须运行查询。

（6）保存并运行查询，此时在左侧导航区中出现新表的名称，双击表格名，图书销售明细表如图 3-15 所示。可以看到查询结果中保留了书类字段，这是为了和今后追加的其他图书加以区分。

书名	出版社	书类	顾客名	数量
巴黎圣母院	上海译文出版	小说	李倩玉	100
巴黎圣母院	上海译文出版	小说	赵鸣	50
巴黎圣母院	上海译文出版	小说	赵鸣	100
茶花女	译林出版社	小说	王强	100
茶花女	译林出版社	小说	李倩玉	500
茶花女	译林出版社	小说	王强	200
呼啸山庄	人民文学出版	小说	郭其荣	1000

图 3-15　图书销售明细表

【**例 3-8**】　创建追加查询。将"生活"类图书的销售记录追加到例 3-7 生成的"图书销售明细表"中。将该查询保存为"查询 8"。

（1）将"查询 7"另存为"查询 8"。

（2）为"书类"字段的"条件"网格输入查询条件"生活"。

（3）选择功能区中"查询工具"中的"设计"，在"查询类型"组中单击"追加"，弹出如图 3-16 所示的"追加"对话框。

图 3-16　"追加"对话框

（4）指定要追加的表是"图书销售明细表"，单击"确定"按钮。此时追加还没有实现，还必须运行查询。

（5）保存并运行查询，查看图书销售明细表内容的变化。

【**例 3-9**】　创建更新查询。在"图书销售明细表"中，将顾客"李倩玉"的订购数量增加10％。将该查询保存为"查询 9"。

（1）创建查询，添加数据源"图书销售明细表"。

（2）在设计网格的"字段"网格里，依次添加所需字段：顾客名"和"数量"。

（3）为"顾客名"字段的"条件"网格输入查询条件"李倩玉"。

（4）选择功能区中"查询工具"中的"设计"，在"查询类型"组中单击"更新"，设计网格中的"排序"和"显示"网格消失，出现一个"更新到"网格。

（5）为"数量"字段的"更新到"网格输入更新表达式：［数量］＊1.1。注意，表达式中的字段名"数量"要加方括号，查询设计视图如图 3-17 所示。

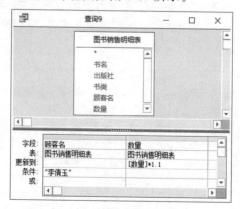

图 3-17　更新查询设计视图

（6）保存并运行查询，查看图书销售明细表内容的变化。

【例 3-10】 创建删除查询。在"图书销售明细表"中，将上海译文出版社的图书订购记录删除。将该查询保存为"查询 10"。

（1）创建查询，添加数据源"图书销售明细表"。

（2）在查询设计视图设计网格中的"字段"网格里，依次添加所需字段："图书销售明细表.*"和"出版社"。

（3）为"出版社"字段的"条件"网格输入查询条件"上海译文出版社"。

（4）选择功能区中"查询工具"中的"设计"，在"查询类型"组中单击"删除"，设计网格中的"排序"和"显示"网格消失，出现一个"删除"网格。

（5）为"图书销售明细表.*"字段的"删除"网格选定 From，为"出版社"字段的"删除"网格选定 Where，查询设计视图如图 3-18 所示。

（6）保存并运行查询，查看图书销售明细表内容的变化。

图 3-18　删除查询设计视图

交叉表是一种不同于数据库二维表结构的数据表，它有行、列两个系列的字段名，行、列字段的交叉项中存储数据。有的课程表用行标题表示第几节课，用列标题表示星期几，交叉项是课程，这就是一种典型的交叉表。

利用向导方式建立交叉表的重要前提是：行标题、列标题和交叉项数据必须同处在一个基本表或查询中，因此，用向导创建交叉表查询往往要事先组织数据源。

【例 3-11】 用查询向导创建交叉表查询，统计学生的姓名、选修课程名和考试成绩。

（1）创建选择查询，查询所有学生的姓名、选修课程名和成绩，命名为"考试情况查询"，查询设计如图 3-19 所示。

（2）打开"创建"选项卡的"查询向导"工具，选择"交叉表查询向导"。

（3）选择用查询作为交叉表的数据源，选定"查询：考试情况查询"，如图 3-20(a)所示。

（4）选择姓名为行标题，课程名为列标题，如图 3-20(b)和图 3-20(c)所示。选择成绩为交叉项，因为交叉项的成绩是唯一的，因此选用汇总函数"平均值""第一个""最后一个"等都可以，如图 3-20(d)所示。

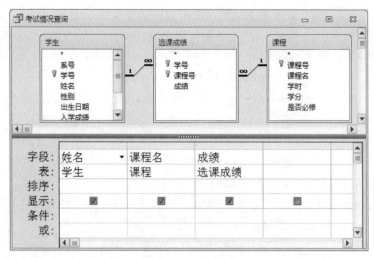

图 3-19　查询设计

（5）确定标题，保存该查询，如图 3-20(e)所示。

（6）运行查询，查询结果如图 3-20(f)所示。

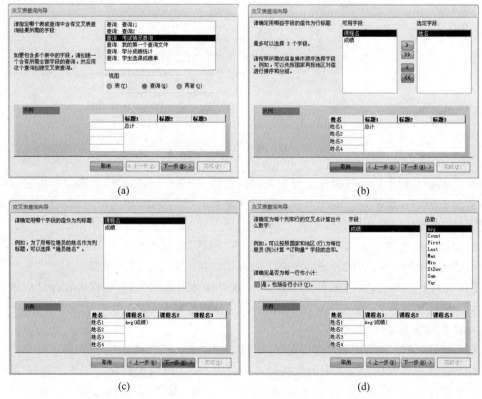

图 3-20　用向导创建交叉表查询

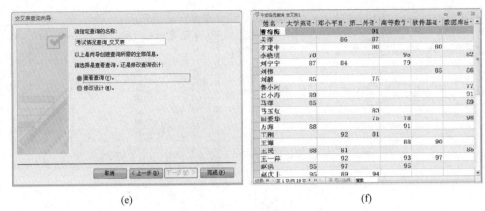

(e)　　　　　　　　　　　　　　　　　　(f)

图 3-20　（续）

查找重复项查询向导，可以在表中找到一个或多个字段完全相同的记录。

【例 3-12】　分别查找每个系男生、女生的人数。

（1）打开"创建"选项卡中的"查询向导"工具，选择"查找重复项查询向导"，如图 3-21（a）所示。

（2）在数据源选择面板中选择"表"单选项，并在组合框中选择"表：学生"，如图 3-21（b）所示。

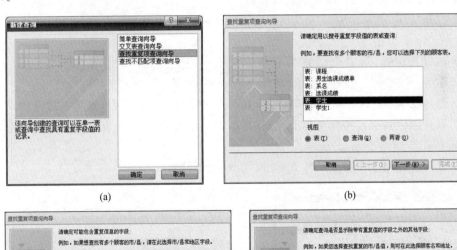

(a)　　　　　　　　　　　　　　　　　　(b)

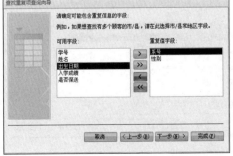 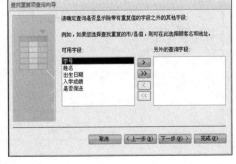

(c)　　　　　　　　　　　　　　　　　　(d)

图 3-21　查找重复项查询向导 1

| | (e) | | (f) |

图 3-21 （续）

（3）选择包含重复信息的字段，在本例中应为系号和性别，如图 3-21(c)所示。

（4）选择要显示的其他字段，如果没有请不要选择，直接单击"下一步"按钮，如图 3-21(d)所示。

（5）确定该查询的标题，保存查询，如图 3-21(e)所示。运行该查询，查询结果如图 3-21(f)所示。该表第三列显示了每个系男女生的人数。

查找不匹配项查询向导，可以在表中找到与其他表中的信息不匹配的记录。

【例 3-13】 查找哪些课程没有人选修过。

（1）打开"创建"选项卡中的"查询向导"工具，选择"查找不匹配项查询向导"，如图 3-22(a)所示。

（2）选择数据源，即查询的结果在哪一个表中，这里选择"表：课程"，如图 3-22(b)所示。

（3）选择要和哪一个表比较不匹配项，在本例中应为选课成绩表，如图 3-22(c)所示。

（4）选择两张表要按照什么标准比较，在本例中比较的是"课程表的课程号在选课成绩表中存不存在"，如图 3-22(d)所示。

（5）选择查询结果中要显示什么字段，如图 3-22(e)所示。

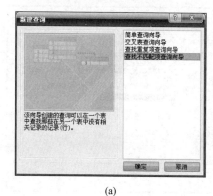

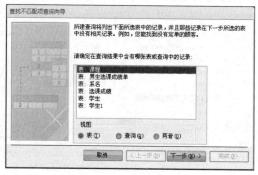

| | (a) | | (b) |

图 3-22 查找重复项查询向导 2

(c)　　　　　　　　　　　　　　(d)

(e)　　　　　　　　　　　　　　(f)

(g)

图 3-22　（续）

（6）确定该查询的标题,保存查询,如图 3-22(f)所示。运行该查询,查询结果如图 3-22(g)
所示。该结果显示的四门课程都没有人选修。

第 4 章　结构化查询语言

本章内容

本章介绍了关系数据库通用的语言 SQL(Structured Query Language),直译为结构化查询语言。它是所有关系数据库管理系统都支持的标准语言。内容主要包括:

- SQL 的历史发展,SQL 和查询文件的关系,SQL 的特点和主要功能。
- SQL 的数据定义功能,相关命令和语法。
- SQL 的数据查询功能,相关命令和语法。
- SQL 的数据操作功能,相关命令和语法。

实验 4.1　用 SQL 实现简单查询、连接查询

实验要点

- 掌握使用 SQL 数据定义语言创建数据表的数据结构。
- 使用 SQL 对表格结构进行插入、删除、修改等操作。
- 掌握删除数据表的 SQL 命令。
- 掌握 SQL 简单查询的语法。
- 掌握 SQL 连接查询的基本语法,学会使用连接查询解决实际问题。
- 掌握 SQL 连接查询中连接条件的设计,区分连接条件和查询条件。

实验内容与操作提示

【例 4-1】　练习使用 SQL 的 Create 命令,创建三张表格"图书 1""销售 1"和"顾客 1"。

(1) 打开 Access 数据库"图书销售.accdb"。

(2) 创建查询文件,为了调试 SQL 命令要关闭自动弹出的"显示表"对话框。

(3) 在查询设计视图上单击右键,在弹出的快捷菜单中选择"SQL 视图"。

(4) 输入 SQL 命令:

```
Create Table 图书 1 (书号 Char(5) Primary Key, 书名 Char(20),
```

出版社 Char(20)，书类 Char(10)，作者 Char(10)，出版日期 Date，

库存 Real，单价 Real)

（5）运行查询，左侧导航区中将出现新的数据表"图书 1"。

（6）保存查询文件，将 SQL 命令保存在查询文件中。

（7）仿照上述过程，创建数据表"销售 1"和"顾客 1"，也分别保存在两个查询文件中。SQL 语句如下：

```
Create Table 销售 1 (订单号 Char(5)，顾客号 Char(5)，书号 Char(5)，订购日期 Date，数量
Real, Primary Key(订单号))
Create Table 顾客 1 (顾客号 Char(5) Primary Key，顾客名 Char(20)，电话 Char(15))
```

思考与练习

请观察以上语句中主键的声明方式有什么不同。

以上表格创建的时候仅定义了数据结构，并没有定义数据联系，你能修改 SQL 语句，为数据表创建一对多联系吗？

以上每个 SQL 语句都必须保存在一个独立的查询文件中，可以把多条 SQL 语句写入一个查询文件吗？

【例 4-2】　添加新字段。练习使用 SQL 语句，为表"顾客 1"添加一个新的"供货地址"字段。

创建查询文件，在 SQL 视图中输入 SQL 语句（下面每条 SQL 命令前均执行此操作）：

```
Alter Table 顾客 1 Add Column 供货地址 Char(30)
```

【例 4-3】　修改字段宽度。练习使用 SQL 语句，将表"顾客 1"中的"供货地址"字段大小改为 35。

```
Alter Table 顾客 1 Alter 供货地址 Char(35)
```

【例 4-4】　删除字段。练习使用 SQL 语句，将表"顾客 1"中的"供货地址"字段及其中所有数据删除。

```
Alter Table 顾客 1 Drop Column 供货地址
```

注意

以上 SQL 数据定义语句的结果都应该在表设计视图中查看。

以下 SQL 数据查询语句的结果都应该在查询文件的数据表视图中查看。

【例 4-5】　简单查询。使用 SQL 语句查询图书的书号、书名、单价，结果如图 4-1 所示。

```
Select 图书.书号, 图书.书名, 图书.单价
From 图书1
```

打开该查询文件的设计视图，可以看到这条 SQL 语句对应的设计网格，说明使用 SQL

语句或者查询文件都能实现本例的查询要求。

【例 4-6】 简单查询。使用 SQL 语句查询所有图书的库存总量和平均单价，结果如图 4-2 所示。

```
Select "图书汇总" As 图书汇总, Sum(图书.库存) As 库存总量, Avg(图书.单价) As 平均单价
From 图书1
```

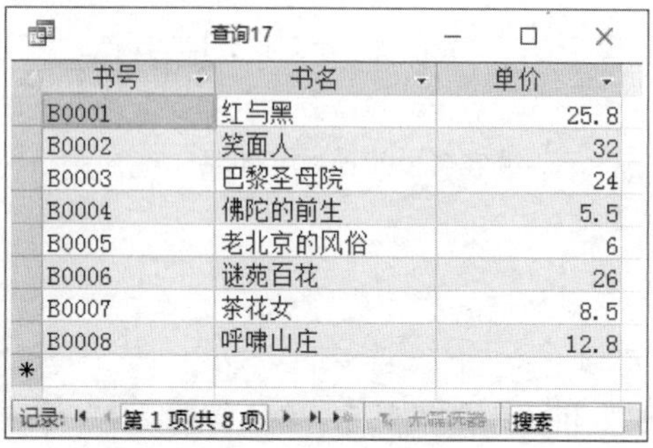

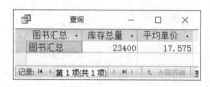

查询17

书号	书名	单价
B0001	红与黑	25.8
B0002	笑面人	32
B0003	巴黎圣母院	24
B0004	佛陀的前生	5.5
B0005	老北京的风俗	6
B0006	谜苑百花	26
B0007	茶花女	8.5
B0008	呼啸山庄	12.8

记录: 第 1 项(共 8 项) 搜索

图 4-1　例 4-5 查询结果

查询

图书汇总	库存总量	平均单价
图书汇总	23400	17.575

记录: 第 1 项(共 1 项)

图 4-2　例 4-6 查询结果

【例 4-7】 简单查询。使用 SQL 语句查询销售表中所有订购日期在 2018 年以后，且订购数量在 100～500 册的订购信息，查询结果按照订购数量降序排列，如图 4-3 所示。

```
Select *
From 销售
Where 订购日期>=#2018-1-1#And 数量 Between 100 And 500
Order By 数量 Desc
```

查询

订单号	顾客号	书号	订购日期	数量
XS009	C006	B0006	2018/4/17	200
XS008	C006	B0003	2019/3/12	100
XS003	C004	B0003	2019/2/5	100
XS001	C002	B0007	2019/2/13	100

记录: 第 1 项(共 4 项) 搜索

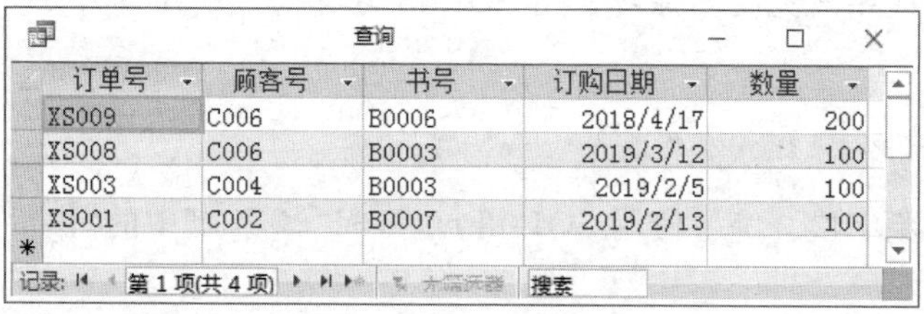

图 4-3　例 4-7 查询结果

【例 4-8】 简单查询。按照用户输入的顾客号参数，用 SQL 语句查询某个顾客订购图书的次数。

```
Select Count(书号) As 订购次数
From 销售
Where  顾客号=[请输入要查询的顾客号:]
```

图 4-4　SQL 语句中的参数查询

运行 SQL 语句时，弹出如图 4-4 所示的对话框，提示输入参数。

【例 4-9】 连接查询。用 SQL 语句查询 B0007 号和

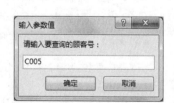

B0003 号图书的订购信息,要求包含顾客名、书名、订购日期和货款,其中,货款=单价×数量,结果如图 4-5 所示。

```
Select 顾客名, 书名, 订购日期, 单价 * 数量 As 货款
From 图书, 销售, 顾客
Where 图书.书号=销售.书号 And 顾客.顾客号=销售.顾客号 And 销售.书号 In("B0007",
"B0003")
```

顾客名	书名	订购日期	货款
王强	茶花女	2019/2/13	850
李倩玉	巴黎圣母院	2019/2/5	2400
李倩玉	茶花女	2017/6/2	4250
赵鸣	巴黎圣母院	2017/8/20	1200
赵鸣	巴黎圣母院	2019/3/12	2400

图 4-5　例 4-9 查询结果

【例 4-10】　连接查询。用 SQL 语句查询同时订购了 B0007 号和 B0003 号图书的顾客信息。

```
Select  a.*, b.*
From 销售 a, 销售 b
Where a.顾客号=b.顾客号 And a.书号="B0007" And b.书号="B0003"
```

该 SQL 语句将每个顾客订购的图书按照两两组合的形式输出,查询结果表明,C004 号顾客具备 B0007 号和 B0003 号图书这种组合,如图 4-6 所示。

a.订单号	a.顾客号	a.书号	a.订购日期	a.数量	b.订单号	b.顾客号	b.书号	b.订购日期	b.数量
XS004	C004	B0007	2017/6/2	500	XS003	C004	B0003	2019/2/5	100

图 4-6　顾客购书的两两组合

实验 4.2　用 SQL 实现嵌套查询、操作查询

实验要点

- 掌握 SQL 嵌套查询的基本语法,了解嵌套查询和连接查询的异同。
- 熟练掌握内外层嵌套查询的连接关键词的使用方法。
- 掌握 SQL 查询汇总的基本语法和 Group By 短语和 Having 短语的使用方法;区分 Where 短语和 Having 短语处理条件表达式的区别。
- 掌握 SQL 数据操作语句的基本语法。

• 掌握在 SQL 数据操作语句中嵌套 Select 语句的方法。

❌ 实验内容与操作提示

【例 4-11】 嵌套查询。用 SQL 语句查询顾客"赵鸣"订购的图书书名和出版社信息，并保证查询结果没有重复记录，如图 4-7 所示。

```
Select Distinct 书名, 出版社
From 图书
Where 书号 In(Select 书号
              From 销售
              Where 顾客号 = (Select 顾客号
                             From 顾客
                             Where 顾客名="赵鸣"))
```

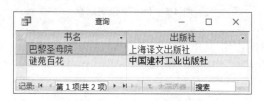

图 4-7　例 4-11 查询结果

 思考

为什么例 4-11 中两层嵌套的连接关键词，一个用了"In"而另一个却用了"="？能不能都用"In"？能不能都用"="？能不能交换？

【例 4-12】 用嵌套查询改写例 4-10，查询同时订购了 B0007 号和 B0003 号图书的顾客号。

```
Select 顾客号
From 销售
Where 书号="B0007" And 顾客号 In(Select 顾客号
                              From 销售
                              Where 书号="B0003")
```

或者

```
Select 顾客号
From 销售
Where 书号="B0003" And 顾客号 In(Select 顾客号
                              From 销售
                              Where 书号="B0007")
```

查询结果表明，C004 号顾客同时订购了两种图书。

【例 4-13】 嵌套查询。用 SQL 语句查询单价最贵的图书，如图 4-8 所示。

```
Select 图书.*
From 图书
Where 单价>=All(Select 单价
                      From 图书)
```

或者

```
Select 图书.*
From 图书
Where 单价=(Select Max(单价)
                From 图书)
```

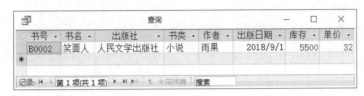

图 4-8　例 4-13 查询结果

思考与练习

本例的基本思想是先算出图书的最高价格,再查找哪本图书的价格与之相等。请练习,要查询单价最低的图书,SQL 语句该怎样写? 有几种写法?

【**例 4-14**】　嵌套查询。用 SQL 语句查询从没被订购过的图书,如图 4-9 所示。

```
Select 图书.*
From 图书
Where 书号 Not In (Select Distinct 书号
                  From 销售)
```

书号	书名	出版社	书类	作者	出版日期	库存	单价
B0001	红与黑	上海译文出版社	小说	司汤达	2018/6/1	2000	25.8
B0002	笑面人	人民文学出版社	小说	雨果	2018/9/1	5500	32
B0004	佛陀的前生	法音杂志社	百科	赵定成	1993/8/1	500	5.5

图 4-9　例 4-14 查询结果

【**例 4-15**】　用 SQL 语句改写例 3-5,要求统计所有图书在 2016 年以后产生的订购总量和总货款,要求显示总货款为 5000～10 000 元(包含 5000 和 10 000)的订购信息,结果字段包括书号、书名、单价、订购总量和货款总计,并按照书号升序排列。

```
Select 图书.书号, 书名, 单价, Sum(数量) As 数量之合计, Sum(单价 * 数量) As 货款
From 图书,销售,顾客
Where 图书.书号 =销售.书号 And 顾客.顾客号 =销售.顾客号 And 订购日期>#2016-1-1#
```

```
Group By 图书.书号, 书名, 单价
Having Sum(单价 * 数量) Between 5000 And 10000
Order By 图书.书号
```

注意

以下 SQL 数据操作语句的结果都应该在数据表视图中查看。如果 SQL 语句执行时，被操作的表已经打开，那么只有关闭表，再重新开启时才能看到操作的结果。

使用 SQL 数据操作语句也要注意符合数据结构的各种数据约束。

【例 4-16】 在销售表中追加记录“XS010,C002,B0007,2019-9-1,200”。

```
Insert Into 销售
Values("XS010", "C002", "B0007", #2019-9-1#, 200)
```

【例 4-17】 将销售表中订购数量大于 100 册的订单信息复制到销售 1 表中，如图 4-10 所示。

```
Insert Into 销售 1 Select * From 销售 Where 数量>100
```

销售1
记录: 第 1 项(共 3 项)
搜索

订单号	顾客号	书号	订购日期	数量
XS002	C003	B0008	2018/11/23	1000
XS004	C004	B0007	2017/6/2	500
XS009	C006	B0006	2018/4/17	200

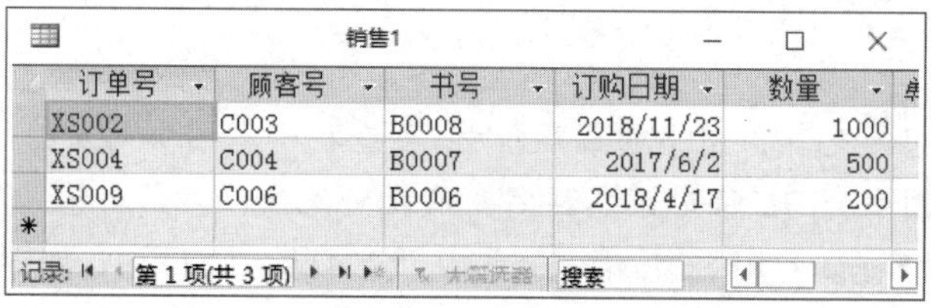

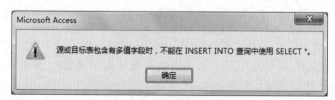

图 4-10 追加结果

注意

请读者尝试一下这样的追加查询：将图书表中的“小说”类图书信息复制到图书 1 表中。那么 SQL 语句应该是：

```
Insert Into 图书 1 Select * From 图书 Where 书类="小说"
```

但是执行查询时却发生错误，错误提示如图 4-11 所示。

Microsoft Access
源或目标表包含有多值字段时，不能在 INSERT INTO 查询中使用 SELECT *。
确定

图 4-11 多值查阅字段追加错误

这是因为，图书表中的书类字段是一个多值查阅字段，数据表中的多值查阅字段不用 Insert Into 语句追加，只能手工录入，而多值字段的设置又是不可逆的，因此设置多值查阅

字段一定要慎重。

【例 4-18】 将图书表中所有人民文学出版社出版的小说的单价增加 5%,如图 4-12 所示。

```
Update 图书
Set 单价 =单价 * 1.05
Where 出版社="人民文学出版社"
```

图 4-12　例 4-18 更新结果

【例 4-19】 将图书表中单价最高的图书的库存增加 10%,如图 4-13 所示。

```
Update 图书
Set 库存 =库存 * 1.1
Where 单价=( Select Max(单价) From 图书)
```

图 4-13　例 4-19 更新结果

【例 4-20】 删除销售表中 2019 年 9 月 1 日的订购记录。

```
Delete From 销售 Where 订购日期=#2019-9-1#
```

【例 4-21】 在图书表中删除从没有顾客订购的图书信息,如图 4-14 所示。

```
Delete From 图书
Where 书号 Not In( Select Distinct 书号
                From 销售)
```

书号	书名	出版社	书类	作者	出版日期	库存	单价
⊞ B0003	巴黎圣母院	上海译文出版社	小说	雨果	2018/6/1	5000	24
⊞ B0005	老北京的风俗	北京燕山出版社	生活	常人春	1990/4/1	400	6
⊞ B0006	谜苑百花	中国建材工业出版社	百科	肖艺农	1997/8/1	1000	26
⊞ B0007	茶花女	译林出版社	小说	小仲马	2017/6/1	4000	8.5
⊞ B0008	呼啸山庄	人民文学出版社	小说	勃朗特	2015/6/1	5000	13.44

图书　　　　－ □ ×

记录：Ⅰ◀　第1项(共5项)　▶ ▶Ⅰ ▶☀ 无筛选器　搜索

图 4-14　删除结果

第5章 窗体与报表

本章内容

本章介绍了窗体的基本概念、创建窗体的具体过程、窗体视图的使用方法,以及利用 Access 的各种控件创建不同窗体的具体过程。本章还介绍了报表的组成和分类,以及使用 Access 数据库报表工具创建各种不同报表的一般过程。内容主要包括:

- 窗体的概念、创建方法,窗体视图的使用,使用窗体控件创建各种功能的窗体。
- 报表的结构,创建报表的基本方法,报表设计视图的详细功能及操作方法,高级报表的制作方法。

实验 5.1 创建窗体

实验要点

- 熟悉 Access 创建窗体的操作界面,掌握创建窗体的一般过程。
- 在窗体创建的过程中理解窗体的本质。
- 熟练掌握各种窗体的创建方法。
- 熟练掌握各种窗体控件及属性的使用方法。

实验内容与操作提示

【例 5-1】 使用窗体向导创建一个窗体文件,包含图书的订购信息,具体数据包括书号、书名、单价、顾客号、订购日期和数量,并将窗体文件命名为"图书销售情况"。

(1) 启动 Access,打开图书销售数据库。

(2) 在 Access 的功能区中选择"创建",单击"窗体向导"。

(3) 此时出现"窗体向导"对话框。第一步要选择字段:先在图书表里选择字段书号、书名、单价,然后在销售表里选择字段顾客号、订购日期和数量。

(4) 单击"下一步"按钮,选择窗体类型,此例选择"带有子窗体的窗体"选项。

(5) 单击"下一步"按钮,选择窗体布局为"表格"。

（6）单击"下一步"按钮，为窗体和子窗体指定标题。

（7）单击"完成"按钮，保存所创建的窗体。

【例 5-2】 切换到窗体视图下查看效果。在例 5-1 创建的"图书销售情况"的窗体结构中，子窗体是列表形式，没有必要使用导航按钮，而主窗体需要使用导航按钮来查看不同记录，但使用命令按钮更符合人们平时的操作习惯。所以将对上面的窗体进行修改，并将修改后的窗体另存为"图书销售情况改进"。

（1）启动 Access，打开图书销售数据库。

（2）在屏幕左侧的导航区选中"销售 子窗体"，单击右键，选择设计视图。

（3）在窗体任意位置单击右键，出现属性窗口，在属性窗口中选择"窗体"为修改对象，将"格式"选项卡中的"导航按钮"设置为"否"，如图 5-1 所示，然后关闭并保存该窗体。

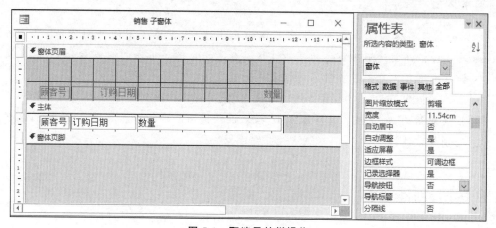

图 5-1　取消导航栏操作

（4）在屏幕左侧的导航区选中"图书销售情况"窗体，单击右键，选择设计视图；类似步骤（3），去掉主窗体导航按钮。

（5）单击"文件"选项卡→"对象另存为"，并在弹出的"另存为"对话框中将窗体命名为"图书销售情况改进"，确定。

（6）如图 5-1 所示调整窗体上控件的位置，单击"窗体设计工具"选项卡上的"设计"按钮，出现"控件"组。

（7）选择"按钮"控件，并在窗体相应位置拖动，这时弹出命令按钮向导，如图 5-2 所示，在"类别"下拉列表中选择"记录导航"，在"操作"列表中选择"转至下一项记录"生成显示"下一个"文字的命令按钮，同样方法生成"上一个"和"关闭"按钮。

（8）选择窗体视图，查看修改结果，如图 5-3 所示。

【例 5-3】 一般来说，为了实现界面友好的应用系统，每个系统都会有一个初始界面，如图 5-4 所示。下面使用窗体设计器来设计这个窗体。

（1）启动 Access，创建一个空数据库，命名为"练习"。

（2）在 Access 的功能区中选择"创建"，单击"窗体设计"。

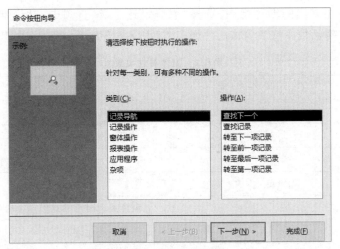

图 5-2 命令按钮向导

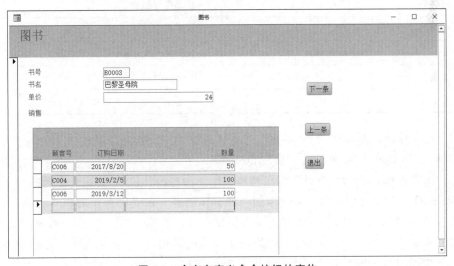

图 5-3 含有自定义命令按钮的窗体

图 5-4 应用系统的欢迎界面

（3）此时出现窗体的设计视图，选择"窗体设计工具"选项卡→"设计"选项→"属性表"，在"属性表"对话框中修改窗体属性如表 5-1 所示（校徽图片已准备好）。

表 5-1　窗体属性设置

属　　性	功　　能	说　　明
标题	欢迎来到南开大学	在标题栏中显示
图片	校徽.jpg	点击 … 按钮，在"插入图像"对话框中选择
图片类型	嵌入	
宽度	12cm	
自动居中	是	窗体运行时自动在屏幕上居中
自动调整	否	首界面不允许改变大小
边框样式	对话框边框	首界面不允许改变大小
导航按钮	否	不需要导航按钮
记录选择器	否	不需要记录选择器
滚动条	两者均无	不能改变大小，不需要滚动条
关闭按钮	是	用来关闭窗体
最大最小化按钮	无	不能改变大小，不需要这两个按钮

（4）在窗体设计视图中选择"主体"，在主体属性表中设置主体高度为 7.5cm（窗体的高度由主体、窗体页眉、窗体页脚的高度之和决定）。

（5）保存窗体，命名为"首界面"，在窗体视图下浏览设计效果，如图 5-4 所示。

【例 5-4】　文本框是人们经常使用的一种窗体控件。在应用系统的窗体上使用文本框来输入信息或者输出信息，还可以利用文本框来进行计算等。如图 5-5 所示，使用文本框以两种形式来输出当前日期和时间，一种是系统提供的格式，另一种是人为设定的格式，请读者体会如何通过控件属性结合函数功能来控制输出格式。操作步骤如下。

（1）启动 Access，打开"练习"数据库。

（2）在 Access 的功能区中选择"创建"，单击"窗体设计"打开窗体的设计视图。

（3）在设计选项卡中选择文本框控件，在窗体中选定的位置上添加该控件，通过向导设置其显示字体为 Times New Roman、字号为 20 等外观属性，如图 5-5 所示。

（4）将步骤（3）中的文本框控件复制两次（使三个文本框外观一致），拖动到合适位置，修改三个文本框提示信息内容如图 5-6 所示。

（5）选择控件 Text0，即第一个文本框，在控件属性表中设置"控件来源"属性：单击 … 按钮，弹出"表达式生成器"对话框，选择函数或者写入函数表达式都可，具体的表达式为"＝Trim(Now())"（Trim()函数使输出的内容前后没有空格）。效果见图 5-7。

（6）分别选择控件 Text2 和 Text4，与步骤（5）相同，表达式分别定义为：

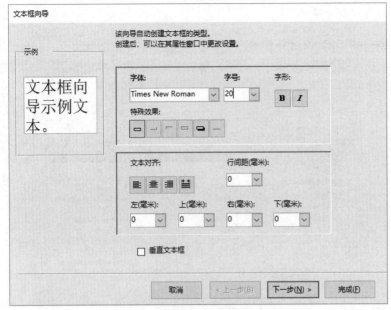

图 5-5　设置文本框外观

图 5-6　日期时间窗体运行视图

```
=Year(Date()) & "年" & Month(Date()) & "月" & Day(Date()) & "日"
=Hour(Time()) & "点" & Minute(Time()) & "分" & Second(Time()) & "秒"
```

这个窗体每运行一次,日期和时间就更新一次,但是运行时,时间不能更新。运行效果见图 5-6。

(7) 保存窗体,命名为"日期时间"。

【例 5-5】　超链接控件也是一种常用的控件,下面使用超链接控件来制作一个具有南开大学常用网站介绍功能的窗体,读者在制作的时候也可以添加形状、图片等控件来美化窗体。

图 5-7　窗体设计视图

（1）启动 Access，打开"练习"数据库。

（2）在 Access 的功能区中选择"创建"，单击"窗体设计"打开窗体的设计视图。修改窗体属性，将窗体标题设置为"南开大学常用网站"。

（3）在"设计"选项卡中选择标签控件，并输入文字"南开大学常用网站介绍"。然后在属性窗口中设置字号为 20、边框颜色白色等属性。

（4）在"设计"选项卡中选择超链接控件，随之弹出"插入超链接"对话框。选择"超链接生成器"，在对话框中输入网址 http://www.nankai.edu.cn 和显示文字"南开大学主页"并确定，如图 5-8 所示。

（5）将生成的超链接控件拖动到窗体选定位置，将其他超链接控件按照以上步骤依次完成。

（6）使用"窗体视图"查看运行效果。

（7）保存窗体，命名为"窗体设计视图"。

【例 5-6】　如果想在一个窗体上显示多页内容，最常用的是选项卡控件。下面使用选项卡控件和图像控件制作南开大学图片展示窗体。

（1）启动 Access，打开"练习"数据库。

（2）在 Access 的功能区中选择"创建"，单击"窗体设计"打开窗体的设计视图。修改窗体属性，将窗体标题设置为"南开大学风光无限"。

（3）在"设计"选项卡中选择选项卡控件，在窗体选定位置上添加该控件，如图 5-9 所示。创建成功后，选项卡中默认有两个页面。假设要展示 10 幅图片，所以单击鼠标右键，

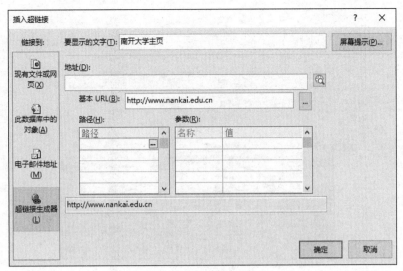

图 5-8   插入超链接

在菜单中选择"插入页",添加 8 个页面,见图 5-9。

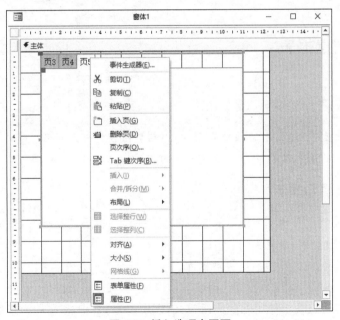

图 5-9   插入选项卡页面

（4）选择第一页,修改其标题属性为"主楼",在页框中添加图像控件，将图像控件拖动到合适大小,并在弹出的"插入图像"对话框中选择要插入的图像,如图 5-10 所示。

（5）重复以上步骤,在所有页面中添加图像控件并绑定图像。

（6）保存窗体,命名为"南开大学图片欣赏"。

图 5-10　页面插入图像控件

实验 5.2　创建报表

实验要点

- 熟悉 Access 创建报表的操作界面，掌握创建报表的一般过程。
- 理解报表的基本结构及每个组成成分的作用。

实验内容与操作提示

【例 5-7】　将实验 3 例 3-2 创建的"查询 2"文件作为报表的数据源，并利用"报表"向导创建图书销售清单报表，命名为"报表 1"。

（1）启动 Access，打开图书销售数据库。

（2）在 Access 的功能区中选择"创建"，单击报表组的"报表向导"。

（3）在"请确定报表上使用哪些字段"对话框中选定"查询 2"文件为报表的数据源以及报表包含的输出数据项（本例选定"查询 2"中除顾客号之外的所有字段）。

（4）在"请确定数据的查看方式"对话框中选定"通过 销售"。目的是以销售表为主表输出每一笔图书销售记录。

（5）"是否添加分组级别"对话框中直接单击"下一步"按钮。

（6）选定以书号升序方式输出数据，报表布局方式为表格式，报表名称保存为"报表 1"。预览效果如图 5-11 所示。

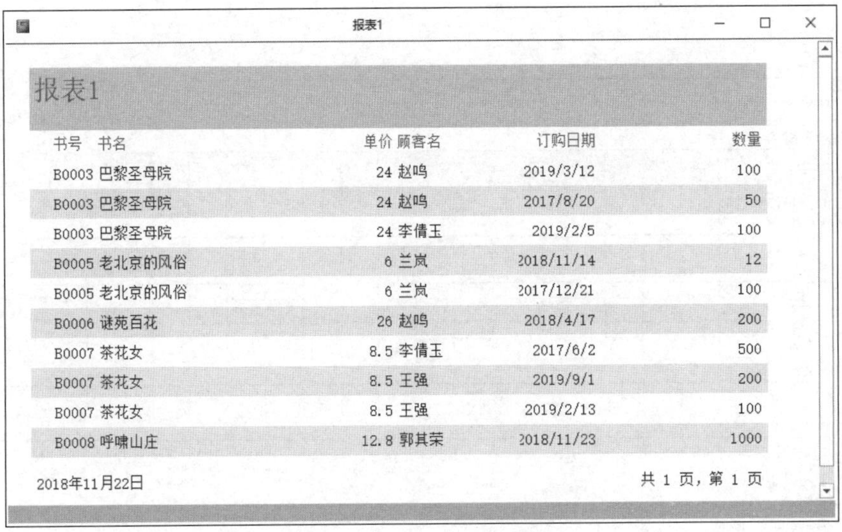

报表1

报表1

书号	书名	单价	顾客名	订购日期	数量
B0003	巴黎圣母院	24	赵鸣	2019/3/12	100
B0003	巴黎圣母院	24	赵鸣	2017/8/20	50
B0003	巴黎圣母院	24	李倩玉	2019/2/5	100
B0005	老北京的风俗	6	兰岚	2018/11/14	12
B0005	老北京的风俗	6	兰岚	2017/12/21	100
B0006	谜苑百花	26	赵鸣	2018/4/17	200
B0007	茶花女	8.5	李倩玉	2017/6/2	500
B0007	茶花女	8.5	王强	2019/9/1	200
B0007	茶花女	8.5	王强	2019/2/13	100
B0008	呼啸山庄	12.8	郭其荣	2018/11/23	1000

2018年11月22日　　共 1 页，第 1 页

图 5-11　报表 1 输出效果

【例 5-8】 在例 5-7 创建的“报表 1”基础上，以书号为分组依据，分类输出图书销售记录并分类统计销售数量与销售额，结果保存为“报表 2”。

(1) 启动 Access，打开图书销售数据库。

(2) 在屏幕左侧的导航区选中“报表 1”，单击右键，选择设计视图。

(3) 单击“开始”选项卡→“对象另存为”，在弹出的“另存为”对话框中将当前报表命名为“报表 2”，确定。

(4) 单击“报表设计工具”选项卡上的“设计”选项切换回报表设计视图。之后的操作步骤可参见主教材完成。主要操作顺序如下。

① 右键单击报表设计器并选择“排序和分组”选项或者单击“设计”功能区“分组和汇总”组中的“分组和排序”按钮打开“分组、排序和汇总”对话框。

② 在“分组、排序和汇总”对话框中单击“添加组”按钮并选择其字段列表中的“书号”字段在报表设计器中增加分组报表节。

③ 参考图 5-12 整理报表布局。

输出效果如图 5-13 所示。

④ 添加输出项“销售额”。首先在书号页眉添加标题为“销售额”的标签控件，其次在主体添加文本框控件(删除其附属的标签控件，其附属的文本框控件的数据源定义为：=[单价]*[数量])。

⑤ 添加“书号页脚”报表节：单击“分组、排序和汇总”对话框中的“更多”按钮，选择“有页脚节”，如图 5-14 所示。

⑥ 在“书号页脚”节输出“数量”和“销售额”的合计值。首先添加第一个文本框：附属标签控件的标题为“小计：”，文本框控件的数据源为公式：=Sum([数量])；第二个文本框控件仅保留文本框附属成分，其数据源为公式：=Sum([数量]*[单价])。

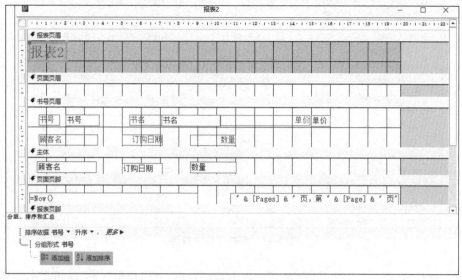

图 5-12　报表 2 设计效果 1

图 5-13　报表 2 输出效果 1

图 5-14　分组页脚节处理

报表布局效果如图 5-15 和图 5-16 所示。

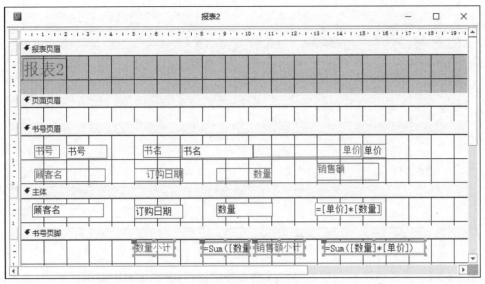

图 5-15　报表 2 设计效果 2

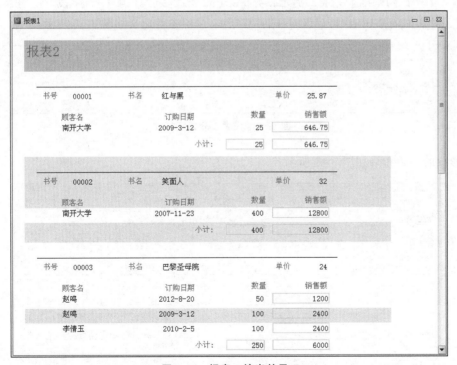

图 5-16　报表 2 输出效果 2

报表运行效果如图 5-17 所示。

图 5-17　报表 2 运行效果

【例 5-9】　仿照例 5-8，创建以订购日期为分组依据，分类输出图书销售记录，结果保存为"报表 3"。

在"报表 1"的基础上完成。提示：例 5-8 步骤（2）选定"订购日期"字段，令"分组、排序和汇总"对话框的排序依据为"订购日期"数据项，分组条件定义如图 5-18 所示。

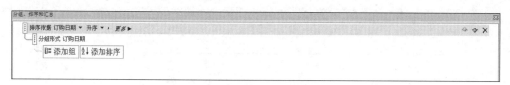

图 5-18　报表 3 分组定义

形成的初始布局如图 5-19 所示。

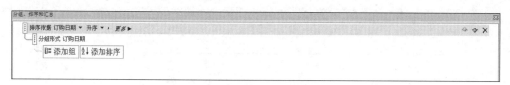

图 5-19　报表 3 设计效果

"报表 3"运行效果如图 5-20 所示。

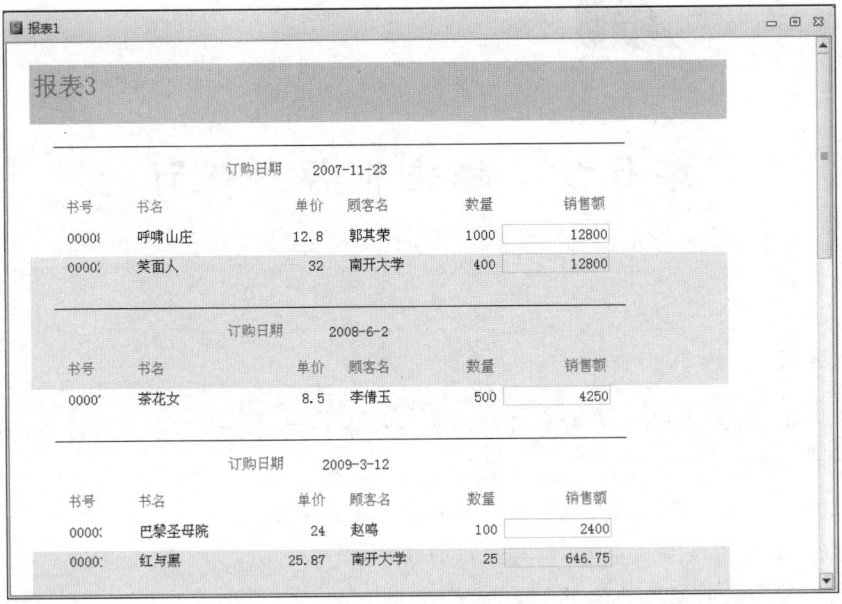

图 5-20 报表 3 运行效果 1

仿照上述过程,可以输出销售额以及相应的汇总数据,运行效果如图 5-21 所示。

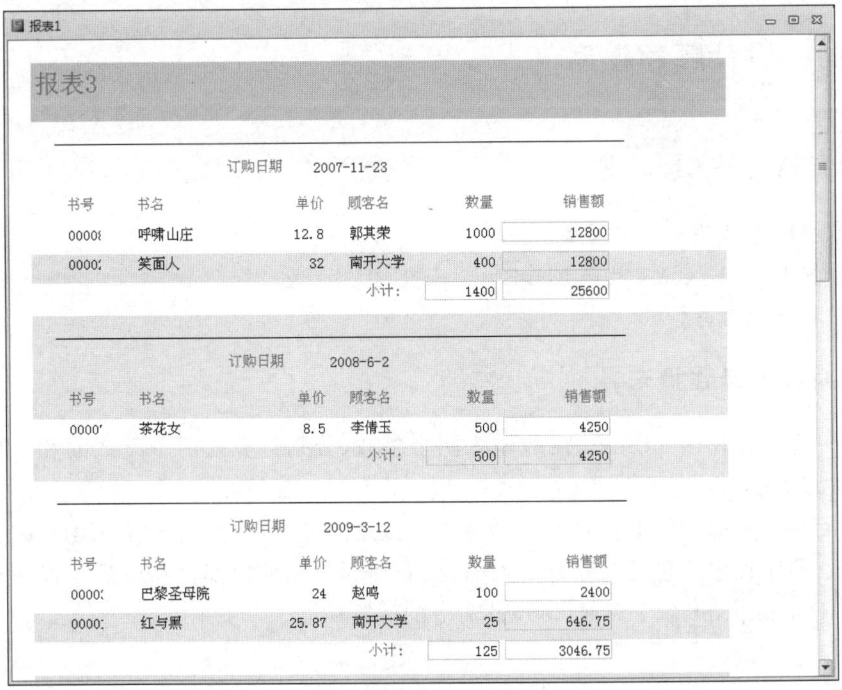

图 5-21 报表 3 运行效果 2

第6章 结构化程序设计

实验要点

本章介绍 Access 中结构化程序设计的各种命令和控制结构以及如何对应用程序进行调试与编译。内容主要包括：

- 程序的定义、书写规则、程序中常用的输入输出命令。
- 顺序结构、分支结构、循环结构程序的设计。
- 过程和函数的定义和使用。
- 程序的调试方法。
- 数组的定义和在程序中的使用。

实验 6.1 设计顺序程序

实验要点

- 掌握顺序结构程序编写技巧。
- 掌握 InputBox() 函数和 MsgBox() 函数。
- 掌握赋值语句。

实验内容与操作提示

【例 6-1】 使用 InputBox() 函数输入两个整数，分别计算这两个整数的和、差、乘积和商，并在"立即窗口"中输出结果。

实验目的：掌握使用 InputBox() 函数输入数据的方法，掌握顺序结构程序编写技巧。

分析：顺序程序一般可以分为输入部分、处理部分和输出部分。但是本程序直接把运算放在了 Debug.print 命令后面，体现此命令的运算功能。

程序：

```
Public Sub TwoNumberCompute()
    Dim x As Integer, y As Integer
```

```
    x = Val(InputBox("please input x"))
    y = Val(InputBox("please input y( y<>0)"))
    Debug.Print "x+y="; x + y
    Debug.Print "x-y="; x - y
    Debug.Print "x * y="; x * y
    Debug.Print "x/y="; x / y
End Sub
```

🦉注意

虽然在输入变量 x,y 的值时,不使用 Val()函数,赋值时会进行强制类型转换,但是建议初学者使用 Val()函数。

【例 6-2】 随机生成三个正整数,计算它们的平均值。

实验目的：掌握随机数的产生,关键在于掌握随机数产生的表达式。

分析：要产生随机数,应使用函数 Rnd()。

程序：

```
Public Sub ThreeNumber()
    Dim x As Integer, y As Integer, z As Integer
    x = Int(Rnd() * 10)
    y = Int(Rnd() * 100)
    z = Int(Rnd() * 1000)
    Debug.Print x, y, z
    Debug.Print (x + y + z) / 3
End Sub
```

【例 6-3】 随机产生一个三位数,然后按照逆序输出。

实验目的：掌握"Mod"和"\"运算符将数据分离的方法。

分析：要想得到一个数的逆序,必须要先得到这个数的个位数、十位数和百位数,将它们重新组合成新的数。

程序：

```
Public Sub Inverte()
    Dim n%, a%, b%, c%, m%
    n = Int(Rnd() * 900+100)
    a = n Mod 10
    b = n \ 10 Mod 10
    c = n \ 100
    m = a * 100 + b * 10 + c
    Debug.Print n, m
End Sub
```

🦉**注意**

"\"运算符是整除运算符,"/"运算符是除法运算符。

实验 6.2　设计分支程序

📝**实验要点**

- 掌握各种分支命令的运行流程。
- 掌握分支结构程序编写技巧。
- 掌握分支嵌套。

✖**实验内容与操作提示**

【例 6-4】　改写实验 6.1 的程序例 6-1。在原程序中,输入变量 y 的值的时候,虽然提示不能输入 0,但是在程序中并没有对应的判断条件。下面使用单分支结构来改写程序,如果变量 y 不为 0,则进行运算,如果 y 等于 0,则程序什么都不做。

实验目的:学习如何完善程序的功能。

分析:想要做到满足条件则运算,不满足条件不运算,那么相应的运算表达式就要在分支结构里面。显然此题加法、减法和乘法不受限制。

程序:

```
Public Sub TwoNumberCompute()
    Dim x As Integer, y As Integer
    x =Val(InputBox("please input x"))
    y =Val(InputBox("please input y( y<>0)"))
    Debug.Print "x+y="; x +y
    Debug.Print "x-y="; x -y
    Debug.Print "x * y="; x *  y
    If  y<>0 then
        Debug.Print "x/y="; x / y
    EndIf
End Sub
```

【例 6-5】　使用双分支结构改写上面的程序,当 y 等于 0 时,给出提示信息。

实验目的:学习如何完善程序的功能。

程序:

```
Public Sub TwoNumberCompute()
    Dim x As Integer, y As Integer
    x =Val(InputBox("please input x"))
```

```
    y =Val(InputBox("please input y( y<>0)"))
    Debug.Print "x+y="; x +y
    Debug.Print "x- y="; x -y
    Debug.Print "x * y="; x * y
    If   y<>0 then
        Debug.Print "x/y="; x / y
    Else
        MsgBox("0 不能做除数")
    EndIf
End Sub
```

【例 6-6】 已知输入的三个系数,求一元二次方程的根。

实验目的:练习将数学表达式写成合法的 VBA 的表达式,利用计算机解决初等数学问题。

分析:程序要先输入一元二次方程的三个系数 a、b、c,接着判断 $\Delta = b^2 - 4 * a * c$ 的情况,最后计算方程的根。

程序:

```
Public Sub Solution()
    Dim a As Single, b As Single, c As Single
    Dim dt As Double
    Dim x1, x2 As Single
    a =Val(InputBox("please input a:"))
    b =Val(InputBox("please input b:"))
    c =Val(InputBox("please input c:"))
    dt =b ^ 2 - 4 * a * c
    If dt >0 Then
        dt =Sqr(dt)
        x1 = (-b +dt) / 2
        x2 = (-b -dt) / 2
        Debug.Print x1, x2
    ElseIf dt =0 Then
        x1 =-b / 2 / a
        Debug.Print x1
    Else
        Debug.Print "认为没有根或者有复数根"
    End If
End Sub
```

【例 6-7】 根据输入的分数,给出相应的等级,如图 6-1 所示。

实验目的:理解分支结构的运行流程。

分析:在分支结构中,无论有几个分支,程序运行时都

$$Grade = \begin{cases} 优 & mark \geq 90 \\ 良 & 80 \leq mark < 90 \\ 中 & 70 \leq mark < 80 \\ 及格 & 60 \leq mark < 70 \\ 不及格 & mark < 60 \end{cases}$$

图 6-1　分数等级

只执行到第一个满足条件的分支，就完成了此多分支条件语句的执行，接下来执行 End I或者 End Select 语句后续的语句。因此，在编写分支结构程序时，应该从最小或者最大的条件依次表示。下面提供了几种解决方案，语法都是正确的，但是执行的结果有正确的，有错误的。请分析错误程序的出错原因。

程序：

方法一：

```
Public Sub 分支结构 1()
    Dim mark As Integer
    Dim Grade As String
    mark =Val(InputBox("please input the mark:(0--100)"))
    If mark >=90 Then
            Grade ="优"
    ElseIf mark >=80 Then
            Grade ="良"
    ElseIf mark >=70 Then
            Grade ="中"
    ElseIf mark >=60 Then
            Grade ="及格"
    Else
            Grade ="不及格"
    End If
    MsgBox ("输入成绩的等级是" & Grade)
End Sub
```

方法二：

```
Public Sub 分支结构 2()
    Dim mark As Integer
    Dim Grade As String
    mark =Val(InputBox("please input the mark:(0--100)"))
    If mark <60 Then
            Grade ="不及格"
    ElseIf mark <70 Then
            Grade ="及格"
    ElseIf mark <80 Then
            Grade ="中"
    ElseIf mark <90 Then
            Grade ="良"
    Else
            Grade ="优"
    End If
    MsgBox ("输入成绩的等级是" & Grade)
End Sub
```

方法三：

```
Public Sub 分支结构 3()
    Dim mark As Integer
    Dim Grade As String
    mark = Val(InputBox("please input the mark:(0--100)"))
    If mark >= 60 Then
            Grade = "及格"
    ElseIf mark >= 70 Then
            Grade = "中"
    ElseIf mark >= 80 Then
            Grade = "良"
    ElseIf mark >= 90 Then
            Grade = "优"
    Else
            Grade = "不及格"
    End If
    MsgBox ("输入成绩的等级是" & Grade)
End Sub
```

方法四：

```
Public Sub 分支结构 4()
    Dim mark As Integer
    Dim Grade As String
    mark = Val(InputBox("please input the mark:(0--100)"))
    If mark >= 90 Then
            Grade = "优"
    ElseIf mark >= 80 And mark < 90 Then
            Grade = "良"
    ElseIf mark >= 70 And mark < 80 Then
            Grade = "中"
    ElseIf mark >= 60 And mark < 70 Then
            Grade = "及格"
    Else
            Grade = "不及格"
    End If
    MsgBox ("输入成绩的等级是" & Grade)
End Sub
```

🦉注意

方法三是错误的，其余方法是正确的，方法四条件是正确的，但是没有必要。

【例 6-8】　使用 Select Case 命令改写例 6-7 的程序。

程序：

方法一：

```
Public Sub 分支结构 5()
    Dim mark As Integer
    Dim Grade As String
    mark =Val(InputBox("please input the mark:(0--100)"))
    Select Case mark
      Case Is >=90
          Grade ="优"
      Case Is >=80
          Grade ="良"
      Case Is >=70
          Grade ="中"
      Case Is >=60
          Grade ="及格"
      Case Else
          Grade ="不及格"
    End Select
    MsgBox ("输入成绩的等级是" & Grade)
End Sub
```

方法二：

```
Public Sub 分支结构 6()
    Dim mark As Integer
    Dim Grade As String
    mark =Val(InputBox("please input the mark:(0--100)"))
    Select Case mark
        Case Is >=90
            Grade ="优"
        Case 80 To 89
            Grade ="良"
        Case 70 To 79
            Grade ="中"
        Case 60 To 69
            Grade ="及格"
        Case Else
            Grade ="不及格"
    End Select
    MsgBox ("输入成绩的等级是" & Grade)
End Sub
```

注意

Select Case 与 If 命令条件表达式的写法是不同的。

【例 6-9】 下面是一个分支嵌套的程序,当 x 的值依次输入 35、25、15、5 时读程序的输出结果。

程序:

```
Public Sub 分支嵌套()
Dim x As Integer
    x =Val(InputBox("请输入数据"))
  If x >30 Then                     ①
     x =x * 2                       ②
  Else
     If x >20 Then                  ③
       x =x * 5                     ④
     Else                           ⑤
       If x >10 Then                ⑥
         x =x * 10                  ⑦
       End If
       x =x +1                      ⑧
     End If
   x =x +2                          ⑨
End If
  MsgBox ("结果:") & Str(x)         ⑩
End Sub
```

分析: 当输入 35 时,程序运行①②⑩命令,结果为 70;当输入 25 时,程序运行①③④⑨⑩命令,结果为 127;当输入 15 时,程序运行①③⑤⑥⑦⑧⑨⑩命令,结果为 153;当输入 5 时,程序运行①③⑤⑥⑧⑨⑩命令,结果为 8。

注意

可以使用 VBA 环境下的调试菜单中的单步运行来执行本程序,加强对分支结构的理解。操作方法如图 6-2 所示,打开程序代码,按 F8 键,逐语句运行程序。

【例 6-10】 由键盘输入年份,判断该年是否为闰年。

实验目的: 利用计算机解决初等数学问题。

分析: 当随意输入一个年份时,该年份如不能被 4 整除,则该年肯定不是闰年;当该年份能被 4 整除时,有可能是闰年,也有可能不是闰年,年份如能被 4 整除但不能被 100 整除则表示是闰年;若年份能被 400 整除,也表示是闰年。

程序:

```
Public Sub LeapYear()
```

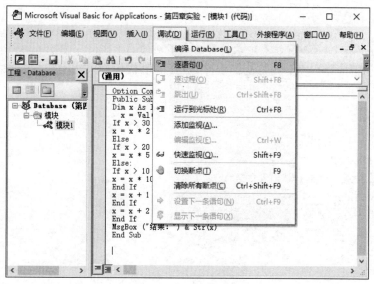

图 6-2　单步运行菜单

```
Dim nyear As Integer
nyear =Val(InputBox("请输入年份"))
If nyear / 4 =Int(nyear / 4) Then
    If nyear / 100 =Int(nyear / 100) Then
        If nyear / 400 =Int(nyear / 400) Then
            Debug.Print "闰年"
        Else
            Debug.Print "非闰年"
        End If
    Else
        Debug.Print "闰年"
    End If
Else
    Debug.Print "非闰年"
End If
End Sub
```

实验 6.3　设计循环程序

实验要点

- 掌握各种循环命令的运行流程。
- 掌握循环结构程序编写技巧。

• 掌握循环嵌套。

实验内容与操作提示

【例 6-11】　由键盘输入 n 值，计算某种形式的累加的结果。

实验目的：通过编写程序，学习分析问题，找到循环的规律。

形式一：计算 $Sn=1+2+3+\cdots+n$，n 由键盘输入。

分析：这个表达式的规律是，不断重复运行加法，下一个要加的数比前一个数多一个。所以在循环体中，我们要写一个加法式子 s=s+i，还要写一个生成下一个被加数的式子，即 =i+1。

程序：

```
Public Sub 累加()
    Dim i As Integer, S As Integer, n As Integer
    n =Val(InputBox("please input the n:"))
    S =0
    i =1
    Do While i <=n
        S =S +i
        i =i +1
    Loop
    Debug.Print S
End Sub
```

形式二：计算 $Sn=1+1/2+1/3+\cdots+1/n$，n 由键盘输入。

分析：这个表达式的规律是，不断重复运行加法，下一个要加的数的分母比前一个数的分母多一个。所以在循环体中，我们要写一个加法式子 s=s+1/i，也要写一个生成下一个被加数的式子，即 i=i+1。与形式一程序相比，重复加法是一样的，下一个要加的数据不一样，所以只要对上面的程序改动两处，就得到新的程序。

程序：

```
Public Sub 累加2()
    Dim i As Integer, n As Integer
    Dim S As Double
    n =Val(InputBox("please input the n:"))
    S =0
    i =1
    Do While i <=n
        S =S +1 / i
        i =i +1
    Loop
    Debug.Print S
End Sub
```

形式三：Sn＝1−1/2＋1/3−1/4＋1/5−1/6＋…＋1/n。

分析：形式三只需要在形式二的基础上，将要加的下一个数据进行处理，加上正负号。

程序：

```
Public Sub 累加 3()
    Dim i As Integer, n As Integer
    Dim S As Double
    n =Val(InputBox("please input the n:"))
    S =0
    i =1
    Do While i <=n
      S =S +1 / i * (-1) ^ (i +1)
        i =i +1
    Loop
    Debug.Print S
End Sub
```

形式四：Sn＝1＋1/2!＋1/3!＋1/4!＋1/5!＋1/6!＋…＋1/n!。

分析：形式四只需要在形式二的基础上，将要加的下一个数据进行处理，使分母成为阶乘的形式。程序的结构不变，只需增加适当的命令。

程序：

```
Public Sub 累加 4()
    Dim i As Integer, n As Integer
    Dim p As Long
    Dim S As Double
    n =Val(InputBox("please input the n:"))
    S =0
    i =1
    p =1
    Do While i <=n
       p =p * i
       S =S +1 / p
        i =i +1
    Loop
    Debug.Print S
End Sub
```

【例 6-12】 读下面的程序，观察循环的运行规则。

实验目的：分析循环运行流程，理解步长的运行规则。

程序：

```
Public Sub 简单循环程序()
    Dim n As Integer
```

```
        n = 0
        For x = 6 To 4.5 Step - 0.5
            n = n + 1
        Next x
        Debug.Print x, n
    End Sub
```

分析：此程序步长值是负数，循环变量不断减小，运行结果为 4 和 4。当 x=6 时，n 累加 1 变为 1；x=5.5，n 继续累加 1 变为 2；x=5，n 累加至 3；x=4.5，n 累加至 4；当 x=4 时，小于终值 4.5，循环结束，运行 Next x 下面那条命令输出结果。

【例 6-13】　读下列程序，观察循环的运行规则。

实验目的：分析循环运行流程，理解步长的控制规律，理解 Exit For 命令的运行规则。

程序：

```
Public Sub 简单循环程序 2()
    Dim s As Integer, i As Integer
    s = 0
    For i = 1 To 9 Step 3
      s = s + i
      If s > 10 Then
        Exit For
      End If
    Next i
    Debug.Print s, i
End Sub
```

分析：运行结果为 12 和 7。当 i=1 时，s 为 0+1；i=4 时，s 为 1+4；i=7 时，s 为 5+7。此时 s>10 为真，运行 Exit For 命令即强制循环结束，运行 Next i 下面的命令。

【例 6-14】　编写一个程序，显示出所有的水仙花数。所谓水仙花数，是指一个 3 位数，其各位数字的立方和等于该数本身。例如，153 是水仙花数，因为 $153=1^3+5^3+3^3$。

实验目的：掌握通过枚举法利用循环结构寻找问题的可能解。

形式一：使用一重循环来实现。

分析：当使用一重循环来实现这个问题时，基本思路就是依次判断 100～999 中的每个三位数，分离这个三位数的个位、十位和百位，然后判断它是不是水仙花数。

程序：

```
Public Sub 水仙花一重循环()
    Dim m As Integer, i As Integer, j As Integer, k As Integer
    For m = 100 To 999
        i = m \ 100
        j = (m Mod 100) \ 10
        k = m Mod 10
        If m = i ^ 3 + j ^ 3 + k ^ 3 Then
```

```
        Debug.Print m
      End If
   Next
End Sub
```

运行结果如图 6-3 所示。

形式二：使用三重循环来实现。

分析：当使用三重循环来实现这个问题时，基本思路是使用个位、十位和百位的数字来循环，将三个数字连接成一个三位数。

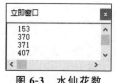

图 6-3　水仙花数

程序：

```
Public Sub 水仙花三重循环()
    Dim m As Integer, i As Integer, j As Integer, k As Integer
    For i = 1 To 9
        For j = 0 To 9
            For k = 0 To 9
            m = i * 100 + j * 10 + k
            If m = i ^ 3 + j ^ 3 + k ^ 3 Then
            Debug.Print m
            End If
        Next
        Next
    Next
End Sub
```

🦉 **注意**

利用此方法也可以求解四位数、五位数中的特殊数等。

【例 6-15】　找出被 3、4、5 除后余数都为 1 的最小的 5 个正整数。

实验目的：掌握直到循环的编程方法。

分析：程序运行之前，不能确定循环的次数，因此不能使用 For 循环。本题只要能够确定找到 5 个满足条件的数就可结束循环，但是只有找到后才能计数，因此需要选择直到循环。

程序：

```
Public Sub ThreeFourFive()
    Dim n As Integer
    Dim m As Integer
    n = 0
    m = 5
    Do
      m = m + 1
      If m Mod 3 = 1 And m Mod 4 = 1 And m Mod 5 = 1 Then
```

```
        Debug.Print m
        n =n +1
      End If
    Loop Until n =5
End Sub
```

🦉**注意**

每找到一个满足条件的数 m，累加器 n 的值就会增 1。

【例 6-16】　由键盘输入一个数，判断是不是素数。

实验目的：利用计算机解决初等数学问题。

分析：判断 n 是否为素数，就是用 n 除以从 2 开始至 n−1 的所有整数，如果都不能得到整数商，说明这个数是素数（经验表明除到这个数的平方根取整就可以）。

程序：

```
Public Sub prime()
    Dim n As Integer
    Dim flag As Boolean
    Dim i As Integer
    n =Val(InputBox("please input the n:"))
    flag =False
    For i =2 To Sqr(n)
        If n Mod i =0 Then
          flag =True
          Exit For
        End If
    Next i
    If flag =False Then
    Debug.Print n; "is a prime"
    Else
    Debug.Print n; "is not a prime"
    End If
End Sub
```

🦉**注意**

我们用变量 flag 作标志，当 flag＝True 时表明这个数是素数。

【例 6-17】　读下列程序，观察循环的运行规律。

程序：

```
Public Sub while 嵌套()
    Dim c As Integer, x As Integer
    x =3
```

```
    While x <8 And x >2
        c =2
        While c <x
            Debug.Print c * x &space(5);
            c =c +3
        Wend
        x =x +2
    Wend
End Sub
```

运行结果如图 6-4 所示。

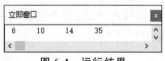

图 6-4　运行结果

分析：程序的运行过程如下。

（1）x=3,满足表达式 x < 8 And x > 2,值为 True, 进入 x 控制的循环,执行循环体;c=2,满足表达式 c < x, 值为 True,进入 c 控制的循环,输出 2 * 3 的结果 6,然后执行 c=c+3,c 值为 5,遇到 Wend 命令返回 While c < x,这时候 x=3、c=5,表达式 c<x 值为 False,内层循环结束,执行 Wend 命令之后的 x=x+2。

（2）x 值改为 5,遇到外层循环 Wend 命令,返回 While x < 8 And x > 2,此时表达式 x < 8 And x > 2 值为 True,继续进入 x 控制的循环,执行 c=2 命令,即**变量 c 重新赋值为 2**。此时下面命令中的 c < x 值为 True 进入 c 控制的循环,输出 2 * 5 的结果 10,然后 c=c+3,c 值为 5,再次遇到 Wend 命令仍然返回 While c < x,这时候 x=5、c=5,表达式 c<x 值为 False,内层循环结束,执行 Wend 命令之后的 x=x+2。

（3）x 值改为 7,遇到外层循环 Wend 命令,返回 While x < 8 And x > 2,此时表达式 x < 8 And x > 2 值为 True,第三次进入 x 控制的循环,执行 c=2 命令,**变量 c 又重新赋值为 2**,接下来的 While c < x 命令中 c < x 值为 True,输出 2 * 7 的结果 14,c=c+3 即 c 值改为 5,遇到 Wend 命令返回 While c < x,这时候 x=7、c=5,**表达式 c<x 值仍为 True**:输出 5 * 7 的结果 35,c=c+3 即 c 值改为 8,再次遇到 Wend 命令并返回 While c < x,这时候 x=7、c=8,**表达式 c<x 值为 False**,内层循环结束,执行 Wend 命令之后的 x=x+2。

（4）x 值改为 9,遇到外层循环 Wend 命令,返回 While x < 8 And x > 2 命令,表达式 x < 8 And x > 2 值为 False,外层循环结束,并使整个程序运行结束。

【例 6-18】 利用循环嵌套,输出各种形式的三角形。

实验目的：学习循环嵌套的程序如何书写。

形式一：" * "组成的三角形。

分析：三角形总共输出 9 行,所以外层循环为 9 次,每一行输出的" * "个数与行数相同,所以内层循环的次数与当前行数相同。

程序一：

```
Public Sub 星号三角形()
    Dim i As Integer, j As Integer
    For i =1 To 9
```

```
            For j = 1 To i
                Debug.Print " * ";
            Next j
            Debug.Print
        Next i
End Sub
```

结果如图 6-5 所示。

形式二：输出数字与行号相同的三角形，如图 6-6 所示。

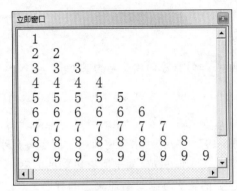

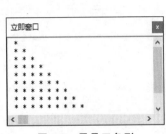

图 6-5 星号三角形　　　　　　　图 6-6 行号三角形

分析：形式二与形式一一样，输出 9 行，每行输出数字的个数与行数相同，所以循环结构与程序一完全相同，但是每一个位置上输出的内容不同，所以输出语句变了。

程序二：

```
Public Sub i三角形()
    Dim i As Integer, j As Integer
    For i = 1 To 9
        For j = 1 To i
            Debug.Print  i;
        Next j
        Debug.Print
    Next i
End Sub
```

形式三：输出数字与列号相同的三角形，如图 6-7 所示。

分析：形式三与形式一也一样，输出 9 行，每行输出数字的个数与行数相同，所以循环结构与程序一仍然完全一样，但是每一个位置上输出当前列的列数，所以输出语句不同。

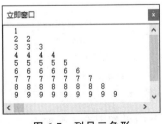

图 6-7 列号三角形

程序三：

```
Public Sub j三角形()
    Dim i As Integer, j As Integer
    For i =1 To 9
      For j =1 To i
        Debug.Print  j;
      Next j
      Debug.Print
    Next i
End Sub
```

🦉 **注意**

将形式三的程序的输出语句变换为

```
Debug.Print i & "×" & j & "=" & i * j & Space(8 -LEN(i & "×" & j & "=" & i * j))
```

就可以输出九九乘法表，具体的程序清单见教材。

【例 6-19】 求解百元百鸡问题。假定每只小鸡 5 角，每只公鸡 2 元，每只母鸡 3 元。现有 100 元要买 100 只鸡，列出所有可能的方案。

实验目的：学习编写循环嵌套的程序。

分析：根据题意设母鸡、公鸡和小鸡分别为 x、y、z 只，方程式为：

$$x+y+z=100$$
$$3 * x+2 * y+0.5 * z=100$$

方程中有三个未知数，只有两个方程，所以方程组有多个解。采用试凑法来解决这个问题。

程序：

```
Public Sub 百元百鸡()
    Dim x As Integer, y As Integer, z As Integer
    For x =0 To 33
      For y =0 To 50
        z =100 -x -y
        If 3 * x +2 * y +0.5 * z =100 Then
          Debug.Print x, y, z
        End If
      Next
    Next
End Sub
```

结果如图 6-8 所示。

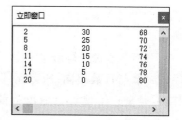

立即窗口		
2	30	68
5	25	70
8	20	72
11	15	74
14	10	76
17	5	78
20	0	80

图 6-8 百元百鸡问题结果

注意

在多重循环中,为了提高运行的速度,要尽量利用已给出的条件减少循环的嵌套数。

实验 6.4　程序调用

实验要点

- 掌握函数的定义和调用。
- 掌握过程的定义和调用。
- 掌握变量的作用范围。

实验内容与操作提示

【例 6-20】　读下列程序,掌握过程调用的原理。

实验目的:掌握过程的定义方法,掌握过程的调用方法。

分析:程序由两部分组成,一部分是自定义过程 xx( ),另一部分是主程序"调用过程( )"。在主程序中,调用了三次 xx( )过程,前两次使用变量作实参,第三次使用常量作部分实参。

程序:

```
Public Sub 调用过程()
    Dim a As Integer, b As Integer, c As Integer, d As Integer
    a =1: b =2: c =1: d =2
    Call xx(a, b, c, d)
    Debug.Print d
    a1 =1: a2 =3: a3 =1: a4 =3
    Call xx(a1, a2, a3, a4)
    Debug.Print a4
    Call xx(6, 8, 10, d)
    Debug.Print d
End Sub
Public Sub xx(x1, x2, x3, x4)
    x4 =x2 * x2 -4 * x1 * x3
    Select Case x4
        Case Is <0
            x4 =100
        Case Is >0
            x4 =200
        Case Is =0
```

```
        x4 = 10
    End Select
End Sub
```

🦉**注意**

形参没有指定是 ByRef 还是 ByVal，默认是 ByRef，也就是按地址传递，所以过程 xx()
中变量 x4 的变化才能返回给调用过程。

【**例 6-21**】 读下面的过程调用程序，写出运行结果。

实验目的：掌握变量按值传递和按地址传递的方法。

程序：

```
Public Sub Proc1(ByRef x%, ByRef y%)
    Dim c%
    x = 2 * x: y = y + 3: c = x + y
End Sub
Public Sub Proc2(ByRef x%, ByVal y%)
    Dim c%
    x = 2 * x: y = y + 3: c = x + y
End Sub
Public Sub master()
    Dim a%, b%, c%
    a = 2: b = 4: c = 6
    Call Proc1(a, b)
    Debug.Print "a=" & a & " b=" & b & " c=" & c
    Call Proc2(a, b)
    Debug.Print "a=" & a & " b=" & b & " c=" & c
End Sub
```

运行结果如图 6-9 所示。

分析：

(1) Call Proc1(a，b)命令调用过程 Proc1()，实参 a 按地址引用传给形参 x。在过程
Proc1()中 x 的变化也就是 a 的变化。x 变成了原来的两倍，也就是 4，所以输出变量 a 的值
也为 4。b 的情况一样：y 的值 7 即为 b 的值。在主程序 master()当中定义的变量 c 是 master()
的私有变量，和在 Proc1()定义的变量 c 没有关系，后者是 Proc1()的私有变量，所以在
master()中输出变量 c 的值是它本来的值 6。

(2) Call Proc2(a，b)命令调用过程 Proc2()，实参 a 按地址引用传给形参 x。这时候由
于调用过程 Proc1()，a 的值已经变成 4，b 的值为 7，再调用 Proc2()时，x 初值为 4，加倍后
变成 8，所以输出变量 a 的值为 8。变量 b 传值调用，即将值传给变量 y 以后，y 的变化对 b
没有影响，所以输出变量 b 的值仍为 7。变量 c 的情况和调用 Proc1()一样，所以输出值仍
为 6。

【例6-22】 将100～150的偶数拆分成两个素数之和(只要有一对即可),最后输出格式如图6-10所示。其中,prime()函数用于判断参数x是否为素数。

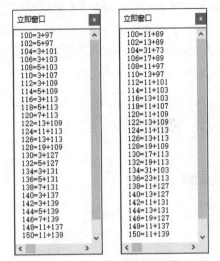

图 6-10 拆分偶数的两组解

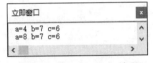

图 6-9 例 6-21 运行结果

实验目的:掌握定义函数的方法,掌握调用函数的方法。

分析:prime()函数执行过程与例6-16判断素数非常相似,改写成函数定义格式即可。调用自定义函数的格式和调用系统提供的函数的命令格式完全一样。

程序:

```
Public Function prime(ByVal x As Integer) As Boolean
    Dim i As Integer
    prime =True
    For i =2 To Sqr(x)
        If x Mod i =0 Then
          prime =False
          Exit For
        End If
    Next i
End Function
Public Sub 调用素数函数()
    Dim n As Integer, k As Integer
    For n =100 To 150 Step 2
        k =3
        Do Until prime(k) =True And prime(n - k) =True
              k =k +2
        Loop
          Debug.Print n & "=" & k & "+" & n - k
    Next
End Sub
```

📖 注意

题目当中要求拆分的时候，只要有一组满足条件的素数就可以，所以编写程序时，人为
设置其中一个素数是 3，另一个是 n—3。如果不满足都是素数这个条件，将 3 改为 5，再判
断一次，依次循环，找到一组满足条件的素数时循环停止。请思考，如果开始设置k＝5可不
可以？如果要列出每一个偶数所有的满足条件的素数对，程序该如何修改？

实验 6.5　数组

📝 实验要点

- 掌握数组的定义和使用。
- 掌握数组和循环结构相结合解决问题的方法。

✖ 实验内容与操作提示

【例 6-23】　由键盘输入数组元素的值，在"立即窗口"中反顺序输出，如图 6-11 所示。
实验目的：学习数组的定义、数组元素的输入和数组元素的输出。
程序：

```
Public Sub 数组()
    Dim i%
    Dim a(1 To 3) As String
    For i =1 To 3
        a(i) =Val(InputBox("please input a(" & Trim(Str(i)) & ")"))
    Next
    For i =3 To 1 Step -1
        Debug.Print "a(" & Trim(Str(i)) & ")="; a(i)
    Next i
End Sub
```

图 6-11　InputBox()函数运行效果和反序输出结果

分析：为了在输入数组元素 a(1)时使用 InputBox()函数显示提示信息 please input
a(1)，所以设计表达式"please input a(" & Trim(Str(i)) & ")"。这个表达式由两个连接

号"&"将三个字符串"please input a("""Trim(Str(i))"和")"组合在一起。其中，Trim(Str(i))部分需要输出变量 i 的值，用 str()函数将 i 转换为字符型，这样才能和其他字符串连接在一起，并用 Trim()函数去掉多余的空格。程序中输出数组部分表达式类似。

【例 6-24】 下面的程序是求 100 个同学的平均成绩，并统计高于平均成绩的同学人数。请将程序填写完整。

实验目的： 学习根据已有程序部分，给程序填空，进而学习如何修改错误的程序或者改进不完整的程序。

程序：

```
Public Sub 百人平均成绩()
    Dim _____(1)_____ As Integer
    Dim ave As _____(2)_____
    Dim over As Integer, i As Integer
    ave = 0
    For i = 0 To 99
        score(i) = Val(InputBox("请输入第" & i & "位学生的成绩"))
        ave = ave + score(i)
    Next i
    ave = _____(3)_____
    over = 0
    For i = 0 To 99
        If _____(4)_____ Then over = over + 1
    Next i
    MsgBox ("平均分" & ave & "高于平均分的人数" & over)
End Sub
```

分析：

（1）由程序的第 7 行可以看出，程序中使用了 score()这个数组存储学生成绩。由题目可知需要存储 100 个学生成绩，因此填空（1）当中要对数组进行声明，即填空（1）为 score(99)或者 score(1 to 100)。程序第 6 行暗示数组下标应该从 0 开始，所以填空（1）应该为 score(99)。

（2）程序中要计算平均成绩，因为平均成绩会出现小数部分，所以，填空（2）应该定义变量 ave 为 Single 类型，或者 Double 类型；

（3）由程序第 6、7、8 和 9 行可以看出，通过循环，ave 变量存储了所有成绩的和，要得到平均值还要除以 100，所以填空（3）要填 ave＝ave/100。

（4）题目要求统计高于平均成绩的同学人数，由程序推断，over 变量用来存储人数，所以 If 命令后面应该是判断条件，逐个判断每个数组元素是不是大于平均成绩，填空（4）应该填 score(i)＞ave。做填空题时，先将推断的内容填写进去，再重新读程序，进行修正。

```
立即窗口                              ✕
1    1
1    2    1
1    3    3    1
1    4    6    4    1
1    5    10   10   5    1
1    6    15   20   15   6    1
1    7    21   35   35   21   7    1
1    8    28   56   70   56   28   8    1
```

图 6-12　杨辉三角对齐格式

【例 6-25】　利用二维数组，输出杨辉三角。一个行的杨辉三角的运行结果如图 6-12 所示。

实验目的：掌握二维数组中下标之间的对应关系，掌握二维数组赋值和输出的方法。

分析：如图 6-12 所示，用数组表示杨辉三角，设置上三角中的每个元素均为 0，第一列及对角线的元素均为 1，其余每一个元素值等于它上面一行的同一列的元素值和前一列的元素值的和，即 $a(i,j)＝a(i-1,j)+a(i-1,j-1)$。

程序：

```
Public Sub 杨辉三角()
Dim i As Integer, j As Integer, n As Integer
Dim a(9, 9) As Integer
For i =1 To 9
   For j =1 To i
      a(i, j) =a(i -1, j) +a(i -1, j -1)
      If i =j Then a(i, j) =1
      Debug.Print a(i, j);
   Next
Debug.Print
Next
End Sub
```

分析：上面程序中将数组的赋值和输出放在一段循环语句中，一般我们使用数组的时候，不采用这种方式。比较好的方式是将赋值和输出放在不同的程序段，但此程序没有对输出形式进行限定，数组元素不能对齐，如图 6-13 所示。下面给出改进程序。

```
Public Sub 杨辉三角改进()
Dim i As Integer, j As Integer, n As Integer
Dim a(9, 9) As Integer
For i =1 To 9
   For j =1 To i
      a(i, j) =a(i -1, j) +a(i -1, j -1)
      If i =j Then a(i, j) =1
   Next
Next
For i =1 To 9
   For j =1 To i
      Debug.Print a(i, j) & Space(5 -Len(Str(a(i, j))));
   Next
Debug.Print
```

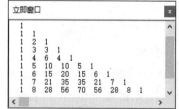

```
立即窗口                              ✕
1
1    1
1    2    1
1    3    3    1
1    4    6    4    1
1    5    10   5    1
1    6    15   20   15   6    1
1    7    21   35   35   21   7    1
1    8    28   56   70   56   28   8    1
```

图 6-13　杨辉三角未对齐格式

```
Next
End Sub
```

注意

　　表达式 a(i, j) & Space(5-Len(Str(a(i, j)))) 保证每一个式子都占同样长度。Str(a(i, j)) 将数组元素值转换为字符型，Len(Str(a(i, j))) 取字符串长度。如果 a(i, j) 长度为 2，则 Space(5-Len(Str(a(i, j)))) 输出 3 个空格；如果 a(i, j) 长度为 1，则 Space(5-Len(Str(a(i, j)))) 输出 4 个空格。

第7章 面向对象的程序设计

本章内容

本章以 Access 窗体的面向对象程序设计为基础,介绍了面向对象程序设计的基本技术,重点讲解窗体中对象、事件和方法的基本概念,以及 Access 控件对象的常用属性、方法的使用以及事件代码的编辑。内容主要包括:

- 面向对象程序设计的基本概念,什么是类,什么是对象。
- 对象的属性、方法。
- 对象的事件,Access 常用事件及其触发顺序。
- Access 窗体的常用控件,控件的常用属性、方法。
- Access 控件事件代码编辑方法。

实验 7.1 窗体程序设计 1

实验要点

- 掌握 DoCmd 对象的常用成员方法的使用。
- 了解不同控件不同属性的功能,学会设置控件,并熟悉使用窗体排列工具为窗体控件布局。
- 了解什么是同步事件,学会设置计时器同步。
- 熟悉标签控件、按钮控件、文本框控件的常用属性及设置方法,并为上述控件编辑事件代码。

实验内容与操作提示

【例 7-1】 编辑如图 7-1 所示的窗体:当鼠标在按钮上按下时,按钮标题显示"鼠标按下";在释放鼠标时,按钮标题显示"鼠标抬起";在整个单击事件完成时,弹出消息框显示"鼠标单击(click)事件完成!";最后将该窗体命名为"鼠标按下抬起"。

（1）首先应明确本程序的"3W"。

图 7-1 "鼠标按下抬起"窗体

① Who：按钮。

② When：鼠标按下、鼠标抬起、单击三个事件。

③ What：相应事件被触发时改变按钮的 Caption 属性，或者弹出消息框。

（2）创建窗体"鼠标按下抬起"，并添加按钮 Command0。

（3）在 VBA 代码窗口中为按钮的"鼠标按下"事件编辑代码如下。

```
Private Sub Command0_MouseDown(Button As Integer, Shift As Integer, X As Single, Y
As Single)
    Me.Command0.Caption ="鼠标按下"
End Sub
```

（4）按钮的"鼠标抬起"事件代码。

```
Private Sub Command0_MouseUp(Button As Integer, Shift As Integer, X As Single, Y As
Single)
    Me.Command0.Caption ="鼠标抬起"
End Sub
```

（5）按钮的"单击"事件代码。

```
Private Sub Command0_Click()
    MsgBox "鼠标单击(click)事件完成!"
End Sub
```

（6）在"窗体视图"模式下观察程序运行效果，用鼠标单击按钮，稍停顿再释放，窗体运行结果如图 7-2 所示。

【例 7-2】 编辑如图 7-3 所示的窗体：当窗体运行时，在文本框中输入文本，单击按钮后，输入的文本作为窗体的标题出现在窗口标题栏中，并将该窗体命名为"设置窗体标题"。

（1）首先应明确本程序的"3W"。

① Who：按钮。

② When：按钮单击事件。

③ What：提取文本框的取值，并赋值给窗体的标题属性。

（2）创建窗体，按照图 7-3 添加控件对象并为控件设计适当的外观。假设系统自动为

(a) 鼠标按下时 　　　　　　　　　　　　　　　　(b) 鼠标抬起时

(c) 单击完成时

图 7-2　窗体运行结果

图 7-3　设置窗体标题

文本框、标签和按钮命名为 Text2、Lable3 和 Command4。

注意

　　由于对象添加顺序或其他操作步骤的差异，控件对象自动命名的编号可能有所不同，不论编号如何，在后面的程序设计中一定要注意使用正确的控件对象名称。

　　（3）直接在标签和按钮上输入标题"设置窗体标题："和"设置"（也可以使用属性表窗格设置 Lable3 和 Command4 的"标题"属性；还可以在窗体的 Load 事件中使用命令：Me.Lable3.caption＝"设置窗体标题："，Me.Command4.caption＝"设置"）。

　　（4）为按钮的单击事件编辑代码如下。

```
Private Sub Command4_Click()
    Me.Caption =Me.Text2.Value
```

End Sub

（5）窗体运行结果如图 7-4 所示。

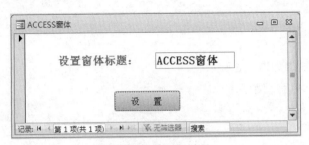

图 7-4　窗体运行结果

【例 7-3】　编辑如图 7-5 所示的窗体：当窗体运行时，在文本框中输入整数，单击按钮后，标签上的数字将从输入的目标数字开始，以每秒减 1 的速度递减，直到秒数变为 0，弹出消息框提示时间到。将该窗体命名为"倒计时器"。

图 7-5　"倒计时器"窗体

（1）首先应明确本程序的"3W"。

① Who：按钮。

② When：单击按钮时开始计时，而后按照计时器间隔触发计时器。

③ What：单击按钮提取文本框的值，同时启动同步事件；每次同步都刷新标签。

（2）创建窗体"倒计时器"，按照图 7-5 添加控件对象并为控件设计适当的外观。

（3）在标签 Lable1 和按钮 Command3 上输入标题"设置时间(秒)："和"开始倒计时"。

（4）编辑按钮单击事件代码如下。

```
Private Sub Command3_Click()
    Me.Label2.Caption =Me.Text0.Value
    Me.TimerInterval =1000
End Sub
```

（5）Timer 事件代码。

```
Private Sub Form_Timer()
    If Me.Label2.Caption >0 Then
      Me.Label2.Caption =Me.Label2.Caption -1
```

```
    Else
       Me.TimerInterval = 0
       MsgBox "时间到！"
    End If
End Sub
```

（6）窗体运行结果如图 7-6 所示。

当倒计时为 0 时，弹出消息框如图 7-7 所示。

图 7-6　窗体运行结果

图 7-7　消息框

实验 7.2　窗体程序设计 2

📝 实验要点

- 进一步熟悉常用控件的属性及设置方法。
- 掌握使用窗体程序调用数据库数据的方法。
- 熟悉组合框控件、列表框控件的常用属性及设置方法，并为上述控件编辑事件代码。

✖ 实验内容与操作提示

【例 7-4】　编辑如图 7-8 所示的窗体：当窗体运行时，在文本框中输入书名，单击"检索订单"按钮后，将弹出数据表窗口显示该图书的所有订购信息，包括书名、顾客名和数量；将该窗体命名为"文本框检索"。注意：该窗体将使用"图书销售"数据库作为数据源。

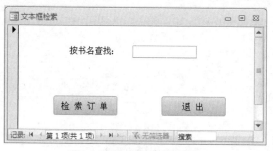

图 7-8　"文本框检索"窗体

（1）首先应明确本程序的"3W"。

① Who：按钮。

② When：按钮单击事件。

③ What：调用查询文件，同时提取文本框的值，作为查询条件中"书名"字段的参数。

（2）创建名为"文本框检索"的窗体，按照图 7-8 添加控件对象并为控件设计适当的外观。

（3）假设系统自动为文本框对象和它的绑定标签命名为 Text0、Lable1，将按钮对象分别命名为 Command2 和 Command3。

（4）直接在标签 Lable1 上输入标题"按书名查找："，按钮 Command2 上输入标题"检索订单"，按钮 Command3 上输入标题"退出"。

（5）创建名为"查询 35"的查询文件，查询结果包含书名、顾客名和数量；在书名字段编辑查询条件为"[Forms]![文本框检索]![Text0]"，表示用窗体中 Text0 文本框的输入值作为要查询的书名，如图 7-9 所示。

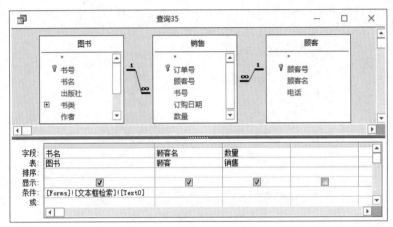

图 7-9　查询设计视图

（6）编辑 Command2 按钮单击事件代码如下。

```
Private Sub Command2_Click()
    DoCmd.OpenQuery ("查询 35")
End Sub
```

（7）Command3 单击事件代码。

```
Private Sub Command3_Click()
    DoCmd.Close
End Sub
```

（8）运行窗体视图，输入书名，则输出查询数据表视图显示该书的订购记录，如图 7-10 所示。

🦉注意

在本例中，窗体和查询文件之间进行了相互调用，即查询文件中提到了[Forms]![文本框

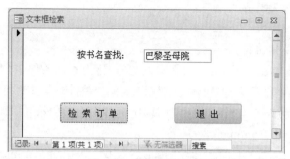

图 7-10　窗体运行结果

检索]![Text0]，窗体程序中提到了 DoCmd.OpenQuery（"查询 35"）。此时，正确使用数据对象的名字非常重要。而用表达式生成器可以大大减小输入错误的概率。

【例 7-5】　改写"文本框检索"窗体，将输入书名参数的文本框改为组合框，并在组合框的下拉列表中显示图书表中的所有书名，如图 7-11 所示。将该窗体命名为"组合框检索"。

图 7-11　"组合框检索"窗体

（1）此窗体和"文本框检索"的不同在于：

① 组合框替换文本框，组合框数据源是"图书.书名"。

② 重新创建查询文件，查询条件为组合框的选定值。

③ 设置窗体调用新的查询文件。

（2）创建名为"组合框检索"的窗体，并按照图 7-11 添加控件对象并为控件设计适当的外观。

（3）为组合框 Combo0 设置数据源，在属性表窗格的"行来源"属性中输入"Select 图书.书名 From 图书"。

（4）模仿"查询 35"创建查询文件，查询结果包含书名、顾客名和数量，在书名字段编辑查询条件为"[Forms]![组合框检索]![Combo0]"，表示用窗体的组合框 Combo0 的选定值作为要查询的书名。将查询文件命名为"查询 36"，如图 7-12 所示。

（5）编辑按钮单击事件代码如下。

```
Private Sub Command2_Click()
```

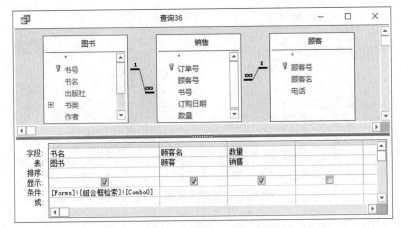

图 7-12 查询设计视图

```
DoCmd.OpenQuery ("查询 36")
End Sub
```

（6）运行"窗体视图"，在组合框中选定一个书名，然后单击"检索订单"按钮，窗体运行结果如图 7-13 所示，检索结果如图 7-14 所示。

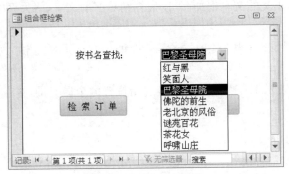

图 7-13 窗体运行结果

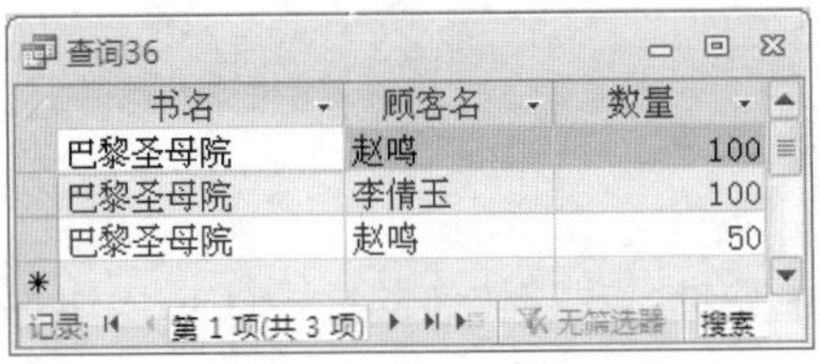

图 7-14 检索结果

【例 7-6】 编辑如图 7-15 所示的窗体：当窗体运行时，在文本正文中输入或粘贴较长的文本，再输入要查找和替换的目标词；每单击一次"查找"按钮，将在文本正文中选中下一个目标词；每单击一次"替换"按钮，会替换下一个目标词。将该窗体命名为"查找与替换"。

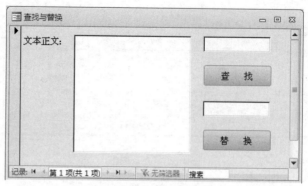

图 7-15　"查找与替换"窗体

（1）首先应明确本程序的"3W"。

① Who：按钮。

② When：按钮的单击事件的触发。

③ What：查找到下一个目标词在文本正文中的位置并选中；查找到下一个目标词在文本正文中的位置并替换。

（2）创建窗体"查找与替换"，按图 7-14 添加三个文本框和两个按钮对象，并设计适当的外观。把其中文本正文的文本框加高，以便容纳更多的文字，将另两个文本框的绑定标签删除。

（3）直接在标签 Lable1 和按钮 Command6 和 Command7 上输入控件标题为"文本正文""查找"和"替换"。

（4）为程序设置表示下一个查找和替换起始位置的全局变量，并在窗体的 Load 事件中为变量赋初值。

```vba
Option Compare Database
Public search As Integer                          '查找范围的起始位置
Public replace As Integer                         '替换范围的起始位置

Private Sub Form_Load()
    Me.search =1
    Me.replace =1
End Sub
```

（5）在 VBA 代码窗体中编辑"查找"按钮的单击（Click）事件代码如下。

```vba
Private Sub Command6_Click()
  Dim x As Integer                                '目标词在正文中的起始位置
  Dim Response
  If search <=Len(Me.Text0.Value) -Len(Me.Text2.Value) -1 Then
   x =InStr(search, Me.Text0.Value, Me.Text2.Value, 1)
                                                  '还未到正文末尾则查找
```

```
    If x = 0 Then
        MsgBox "找不到目标文本!"              '目标词不存在的处理办法
    Else
        Me.Text0.SetFocus                    '正文文本框获得焦点
        Me.Text0.SelStart = x - 1            '正文中选中文本的起始位置
        Me.Text0.SelLength = Len(Me.Text2.Value)
                                             '正文中选中文本的长度
    End If

    Me.Text0.SetFocus
    search = x + Me.Text0.SelLength + 1      '查找范围从下一个位置开始
  Else
    Response = MsgBox("已到文档末尾!是否回到文档开始重新搜索?", vbYesNo)
    If Response = vbYes Then
        search = 1                           '重新搜索则将查找范围重新放至正文开始
    End If
  End If
End Sub
```

(6) 替换按钮的单击(Click)事件代码：

```
Private Sub Command7_Click()
  Dim x As Integer                           '目标词在正文中的起始位置
  Dim Response

  If replace <= Len(Me.Text0.Value) - Len(Me.Text2.Value) - 1 Then
    x = InStr(replace, Me.Text0.Value, Me.Text2.Value, 1)
                                             '未到末尾则查找

    If x = 0 Then
        MsgBox "找不到目标文本!"              '目标词不存在的处理办法
    Else
        Me.Text0.SetFocus                    '正文文本框获得焦点
        Me.Text0.SelStart = x - 1            '正文中选中文本的起始位置
        Me.Text0.SelLength = Len(Me.Text2.Value)      '选中文本的长度
        Me.Text0.SelText = Me.Text4.Value    '替换选中的文本
    End If

    Me.Text0.SetFocus
    replace = x + Me.Text0.SelLength + 1      '替换范围从下一个位置开始
  Else
    Response = MsgBox("已到文档末尾!是否回到文档开始重新替换?", vbYesNo)

    If Response = vbYes Then
```

```
        replace =1                                      '重新替换则将替换范围重新放至正文开始
      End If
    End If
End Sub
```

🦉**注意**

每开始一次新的查找与替换时，都必须将查找范围重新放置正文开始，这个功能可以在查找或替换文本框更新内容时实现，因此要编辑 Text2 和 Text4 的 Change 事件代码。

（7）文本框 Text2 和 Text4 的 Change 事件代码。

```
Private Sub Text2_Change()
    Me.search =1                                        '查找目标词改变时查找范围重新放至正文开始
End Sub


Private Sub Text4_Change()
    Me.replace =1                                       '替换目标词改变时替换范围重新放至正文开始
End Sub
```

（8）运行窗体视图。在正文文本框中粘贴文本，在查找文本框中输入目标词"程序设计"，在替换文本框中输入替换词"Program Designing"，如图 7-16（a）所示；单击"查找"按钮，第 1 个目标词被选中，如图 7-16（b）所示；单击"替换"按钮，第 1 个目标词被替换，如图 7-16（c）所示。

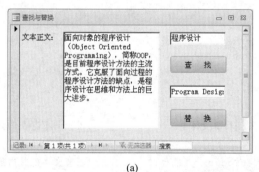

(a)

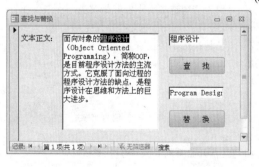

(b)

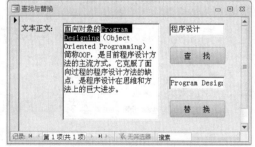

(c)

图 7-16　窗体运行结果

继续单击"查找"和"替换"按钮,继续替换剩下的目标词,直到正文末尾,弹出消息框如图 7-17 所示。

程序还支持单独使用"查找"和"替换"按钮:连续单击"查找"按钮,将依次选中正文中的全部目标词,直到正文末尾;连续单击"替换"按钮,同样可以依次选中并替换正文中的全部目标词,直到正文末尾。当查找和替换进行到中途时,还可以随时输入新的目标词和替换词,查找替换将从头开始。

如果输入了正文中不存在的目标词,将弹出如图 7-18 所示的消息框。

图 7-17　消息框

图 7-18　消息框

实验 7.3　"在线练习"窗体的设计与实现

实验要点

- 进一步熟悉常用控件的属性及设置方法。
- 熟悉选项组控件、复选框控件的常用属性及设置方法,并为上述控件编辑事件代码。

实验内容与操作提示

【例 7-7】　编辑如图 7-19 所示的窗体:当窗体运行时,窗体上显示题干和四个选项; "查看正确答案"按钮不可用,"答案"组合框不可见;当选定了某个选项后,"查看正确答案" 按钮变为可用,单击该按钮,"答案"组合框可见;单击四个导航按钮,题目可以前后切换,切换后,"查看正确答案"按钮不可用,"答案"组合框不可见;单击右上角的"提交"按钮,将弹出消息框统计本次练习的百分制得分。该窗体命名为"在线练习"。注意:窗体数据源为"选择题库"表。

(1) 首先应明确本程序的"3W"。

① Who:选项组以及 6 个按钮。

② When:选项组单击事件被触发的时刻;6 个按钮的单击事件分别被触发的时刻。

③ What:在选项组单击事件代码中,验证答案是否正确,并将"查看正确答案"按钮置为可用;在 4 个导航按钮中,分别实现第一个、上一个、下一个、最后一个数据记录的导航;在"查看正确答案"按钮单击事件代码中,将答案组合框置为可见;在"提交"按钮单击事件代码中,计算百分制成绩并用消息框输出。

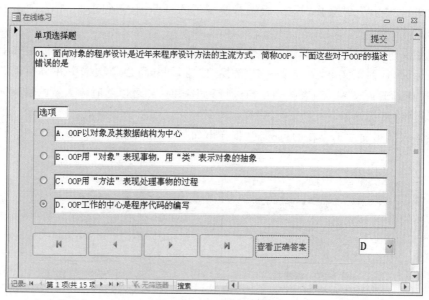

图 7-19　在线练习窗体

（2）创建数据源——"选择题库"数据表，并在表中输入数据。数据表结构如图 7-20 所示。

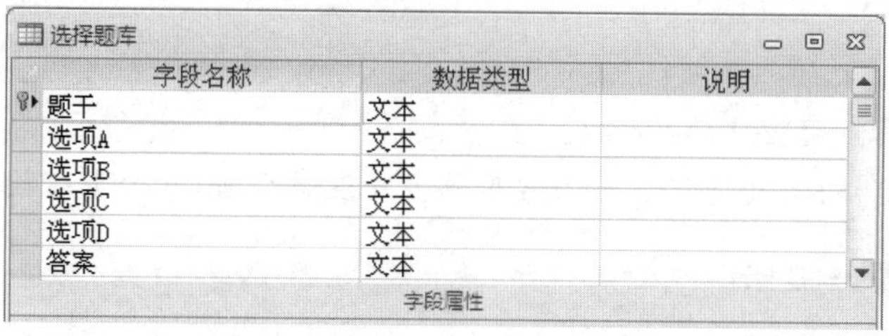

图 7-20　"选择题库"数据表结构

（3）创建窗体"在线练习"。

（4）添加题干文本框。在"字段列表"窗格中，将"题干"字段拖动到窗体的适当位置上。将题干文本框和绑定标签调整成上下布局，调整文本框大小，在标签上直接输入标题"单项选择题"。

（5）添加选项组，用于显示备选答案的 4 个单选按钮。在窗体设计视图中合适的位置单击来添加选项组，弹出"选项组向导"对话框。为 4 个选项输入标签名称，此时可以随便输入，因为随后还要用字段文本框代替，如图 7-21（a）所示；在图 7-21（b）～图 7-21（f）所示界面中依次选择"否，不需要默认选项""下一步""为稍后使用保存这个值""下一步"，在"请为选项组指定标题"文本框中输入"选项"。

（6）添加选项文本框。重复步骤（4），依次将"选项 A""选项 B""选项 C""选项 D"字段拖入到窗体内；删除 4 个文本框绑定的标签，并按图 7-19 所示摆放布局。

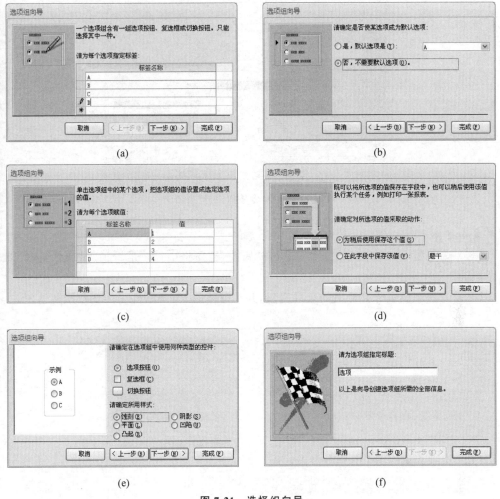

图 7-21　选择组向导

（7）用控件向导添加导航按钮。添加按钮控件，弹出"命令按钮向导"对话框，选择"类别"为"记录导航"，依次添加导航按钮"转至下一项记录""转至第一项记录""转至前一项记录"和"转至最后一项记录"，如图 7-22 所示。

（8）添加"查看正确答案"按钮和"提交"按钮。

（9）多重选定 4 个导航按钮和"查看正确答案"按钮，单击右键，在快捷菜单中选择"布局"→"表格"，Access 将自动为 5 个按钮调整一致的大小和对齐方式。

（10）添加答案组合框。重复步骤（4），在"字段列表"窗格中，用鼠标拖动"答案"字段到窗体的适当位置上。

注意

若数据表中的"答案"字段使用"查阅向导"输入，则窗体上添加的字段用组合框显示，否

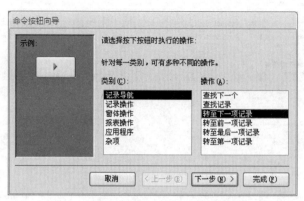

图 7-22　"命令按钮向导"窗口

则用文本框显示。

（11）选定题干、4 个选项、答案对象，在"属性表"窗格中，为"是否锁定"属性选择"是"设置只读。

（12）为程序设置计算分值的全局变量，并在窗体的 Load 事件中为变量赋初值。

```
Option Compare Database
Public score As Single                    '计算分值的全局变量
Private Sub Form_Load()
    Me.score = 0
    Me.Command5.Enabled = False           '"查看正确答案"按钮不可用
    Me.答案.Visible = False               '答案不可见
End Sub
```

（13）选项组 Frame4 的单击事件代码。

```
Private Sub Frame4_Click()
    Dim answer
    answer = ""
    Me.Command5.Enabled = True            '选定答案后，"查看正确答案"按钮可用
    Select Case Me.Frame4.Value           '将表示选项值的数据转换成 ABCD
        Case 1
          answer = "A"
        Case 2
          answer = "B"
        Case 3
          answer = "C"
        Case 4
          answer = "D"
    End Select
    If Me.答案.Value = answer Then
        score = score + 1                 '用全局变量 score 记录答对的题数
```

```
        End If
End Sub
```

(14)"查看正确答案"按钮 Command5 的单击事件代码。

```
Private Sub Command5_Click()
    Me.答案.Visible =True                        '答案可见
End Sub
```

(15)当题目切换的时候,需要重新设置"查看正确答案"按钮为不可用,答案为不可见。窗体的 Current 事件代码为:

```
Private Sub Form_Current()
    Me.Command5.Enabled =False
    Me.答案.Visible =False
End Sub
```

(16)"提交"按钮 Command6 的单击事件代码。

```
Private Sub Command6_Click()
    Dim submit
    submit =MsgBox("是否确定提交？", vbYesNo)
    If submit =vbYes Then
      score = Int((score / 15) * 100)            '计算百分制成绩
      MsgBox score
    End If
End Sub
```

(17)运行窗体视图,如图 7-23(a)所示;选中某个选项后,"查看正确答案"按钮可用,如图 7-23(b)所示;单击"查看正确答案"按钮,答案可见,如图 7-23(c)所示;单击"下一个"导航按钮,"查看正确答案"按钮为不可用,答案不可见,如图 7-23(d)所示;单击"提交"按钮,弹出消息框显示百分制成绩,如图 7-23(e)所示。

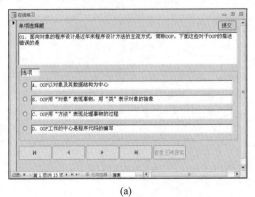
(a)

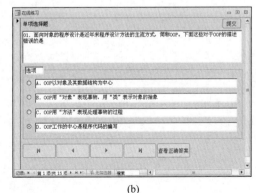
(b)

图 7-23　窗体运行结果

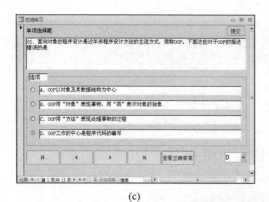

(c)

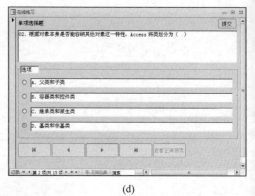

(d)

(e)

图 7-23 （续）

第 8 章 宏

本章内容

为了节省代码的编写量,Access 提供了功能强大而又容易使用的宏。宏可以轻松地替代 VBA 代码设计来完成许多常规操作。本章主要介绍宏的概念以及 Access 中宏的创建及使用方法。内容主要包括:

- 宏的基本概念、基本功能及分类。
- 创建操作序列宏、宏组和条件宏。
- 宏的执行和转换,包括宏的调用、单步调试以及将宏转换为 VBA 代码。

实验 8.1　宏设计与调用

实验要点

- 掌握常用宏操作命令的基本功能和使用方法。
- 掌握操作序列宏的创建方法。
- 掌握宏组的创建方法,体会宏组和操作序列宏的关系。
- 掌握条件宏的创建方法。

实验内容与操作提示

【例 8-1】　利用宏操作实现用组合框检索图书订购信息的窗体程序,将该窗体命名为“组合框检索(宏操作)”,将嵌入窗体的宏命名为“宏 1”,如图 8-1 所示。

（1）打开图书销售数据库,将例 7-5 创建的“组合框检索”窗体复制为新窗体“组合框检索(宏操作)”。

（2）打开例 7-5 创建的查询文件“查询 36”,将其复制为新查询文件“查询 37”。

（3）修改查询 37 的设计视图。将“书名”字段的查询条件改为:[Forms]![组合框检索(宏操作)]![Combo0],如图 8-2 所示。

（4）创建操作序列宏。打开宏设计视图,将宏命名为“宏 1”。

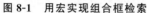

图 8-1　用宏实现组合框检索

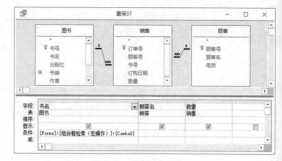

图 8-2　查询设计视图

（5）为"宏 1"添加 OpenQuery 宏命令，表明宏运行后的第一个动作是打开查询文件，并为 OpenQuery 宏命令设定参数"查询名称"为"查询 37"。

（6）为"宏 1"添加 MoveAndSizeWindow 宏命令，表明宏运行后的第二个动作是调整查询结果窗口的大小和位置，并为 MoveAndSizeWindow 宏命令设定参数"右"值为"600""向下"值为"4500""宽度"值为"7700""高度"值为"3000"，效果如图 8-3 所示。

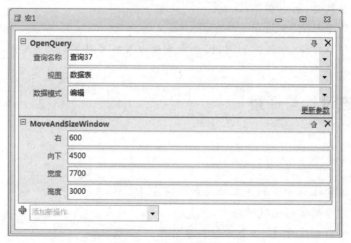

图 8-3　宏设计视图效果

（7）为窗体的"检索订单"按钮下挂宏。在"属性表"窗格中的按钮"单击"事件中，选择"宏 1"。

（8）运行窗体视图，窗体运行效果与例 7-5 一致，如图 8-4 所示。

【例 8-2】　利用宏操作实现成绩查询的窗体程序，窗体如图 8-5 所示。该窗体分为三个部分，最上面的部分是窗体的查询结果显示区；中间部分支持使用姓名和课程名查询考试成绩；最下面的部分支持用成绩区间查询必修课或选修课的成绩。将该窗体命名为"成绩查询"，将嵌入窗体的宏组命名为"宏 2"。

（1）创建窗体"成绩查询"。

（2）设计窗体的上部分：从字段列表窗格中将"姓名""课程名""是否必修""成绩"4 个

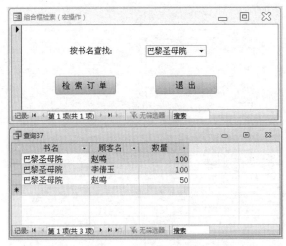

图 8-4 窗体运行效果

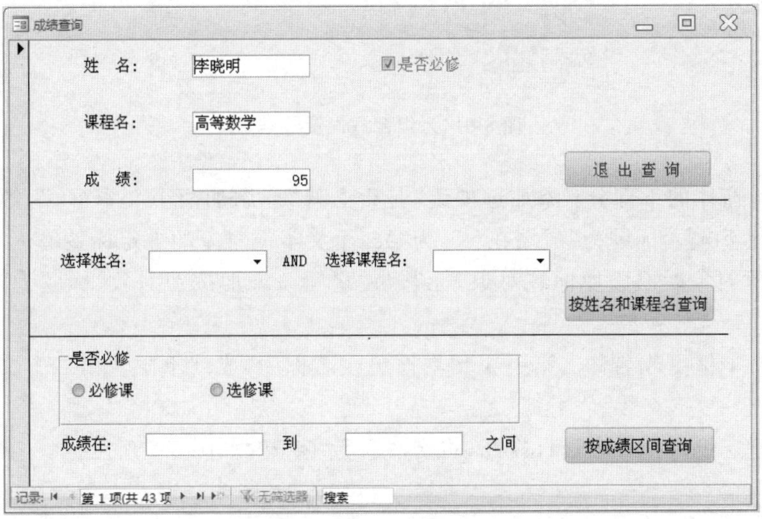

图 8-5 用宏实现成绩查询

字段,依次拖动到窗体的适当位置上。

添加"退出查询"按钮,其"单击"事件代码为 DoCmd.Close。

(3)设计窗体的中间部分:添加两个组合框,其标签的标题依次设置为"选择姓名:""选择课程名:";在两个组合框之间添加标签对象,标题为"AND";添加按钮对象,标题为"按姓名和课程名查询"。

(4)为组合框设置数据源。

打开"属性表"窗格,为第一个组合框更改名称即 Name 属性为"选定姓名",在"行来源"属性中输入"Select 学生.姓名 From 学生"。

为第二个组合框更改名称为"选定课程名",在"行来源"属性中输入"Select 课程.课程名 From 课程"，如图 8-6 所示。

图 8-6　为组合框设置数据源

（5）设计窗体的下部分：添加选项组"是否必修"。添加两个文本框，为第一个文本框对象的绑定标签输入标题为"成绩在："，为第二个文本框对象的绑定标签输入标题为"到"；在两个文本框对象后面添加标签对象，标题为"之间"；添加按钮对象，标题为"按成绩区间查询"。

（6）为文本框更改名称。第一个文本框更改名称为"成绩下限"，第二个文本框名称改为"成绩上限"。

（7）创建宏组。打开宏设计视图，将宏命名为"宏 2"，如图 8-7 所示。

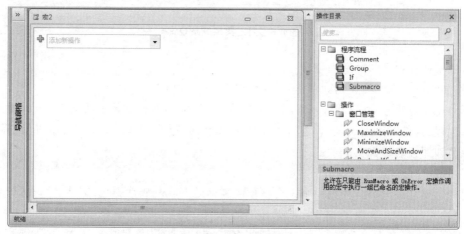

图 8-7　宏设计视图

（8）创建子宏"按姓名课程名查询"。

在宏设计视图中，依次单击屏幕右侧"操作目录"→"程序流程"→Submacro，创建一个子宏，在设计视图中为子宏命名为"按姓名课程名查询"。

在子宏"按姓名课程名查询"里添加 ApplyFilter 宏命令，并用表达式生成器为该命令设计"当条件"为：［Forms］！［成绩查询］！［选定姓名］＝［学生］！［姓名］And［Forms］！［成绩查询］！［选定课程名］＝［课程］！［课程名］。条件可以使用表达式生成器编辑，如图 8-8 所示。

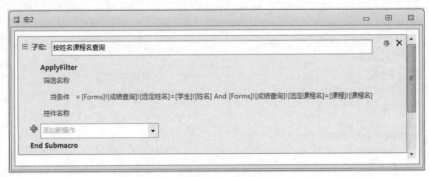

图 8-8　子宏"按姓名课程名查询"

（9）创建子宏"按成绩区间查询"。

在宏 2 的设计视图中，依次单击屏幕右侧"操作目录"→"程序流程"→Submacro，创建第二个子宏，在设计视图中为子宏命名为"按成绩区间查询"。这样，宏 2 就成为一个拥有两个子宏的宏组。

选中子宏"按成绩区间查询"，依次单击屏幕右侧"操作目录"→"程序流程"→If，创建条件宏。

在 If 条件表达式中输入：［Forms］！［成绩查询］！［是否必修］＝1。

在 Then 后面添加宏命令 ApplyFilter，并为该命令输入"当条件"为：［课程］！［是否必修］＝True And（［选课成绩］！［成绩］Between［Forms］！［成绩查询］！［成绩下限］And［Forms］！［成绩查询］！［成绩上限］），如图 8-9 所示。

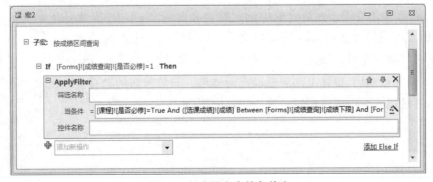

图 8-9　创建子宏中的条件宏

单击"添加 Else If"。在 Else If 条件表达式中输入：[Forms]！[成绩查询]！[是否必修]=2。

在 Then 后面添加宏命令 ApplyFilter，并为该命令生成"当条件"：[课程]！[是否必修]=False And（[选课成绩]！[成绩] Between [Forms]！[成绩查询]！[成绩下限] And [Forms]！[成绩查询]！[成绩上限]），如图 8-10 所示。

图 8-10　子宏"按成绩区间查询"

（10）将宏嵌入窗体。

打开"成绩查询"窗体的设计视图，打开"属性表"窗格。

找到按钮"按姓名和课程名查询"的"事件"选项卡，在"单击"事件后面的下拉列表中选择"宏 2.按姓名课程名查询"。

同样，为按钮"按成绩区间查询"选择"宏 2.按成绩区间查询"。

（11）运行窗体视图。在组合框中选定姓名和课程名，单击"按姓名和课程名查询"按钮，嵌入的宏被调用，窗体上部分显示查询结果，如图 8-11 所示。

选定必修课还是选修课，输入成绩的下限和上限，选定书名后，单击"按成绩区间查询"按钮，嵌入的宏被调用，窗体上部分显示查询结果。如果查询结果有多条记录，可以在窗口最下方的导航栏上单击导航按钮来遍历所有记录，如图 8-12 所示。

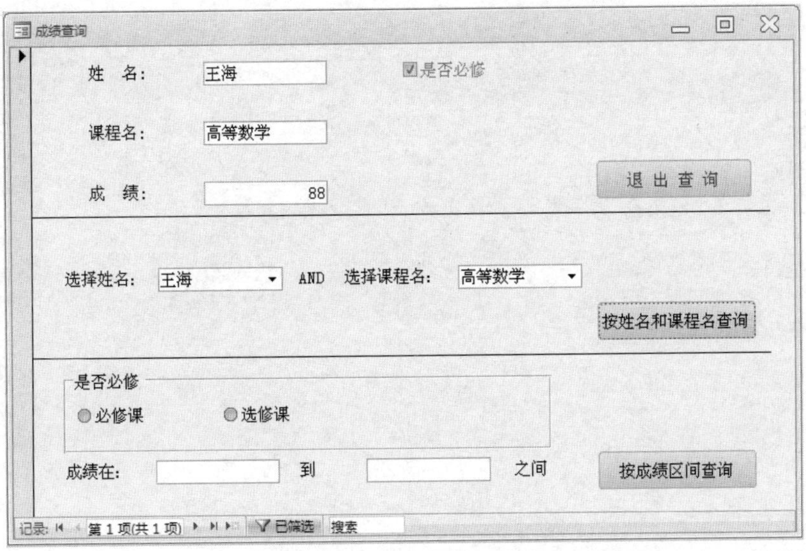

图 8-11　窗体运行结果

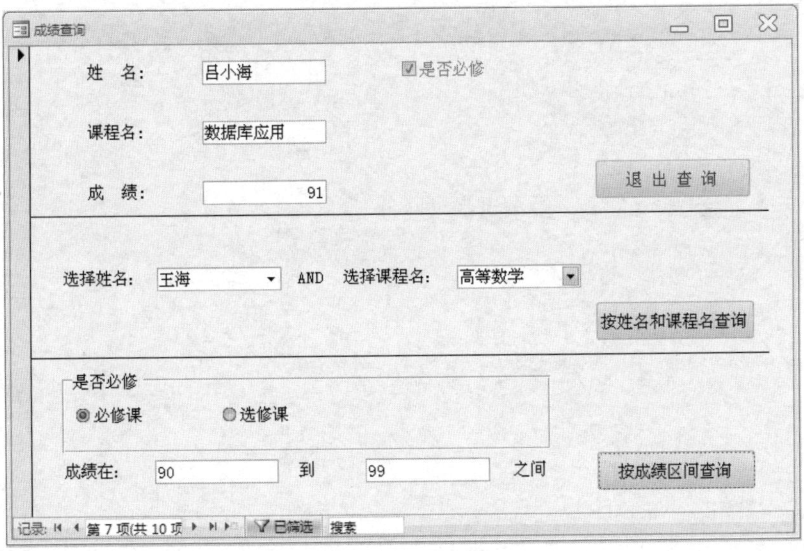

图 8-12　窗体运行结果

测试篇

测试题及参考答案

第 1 章　数据库管理技术——数据库

一、选择题

1. 一个或多个相关联的数据集合称为(　　　)。
   A. 数据库　　　　　　　　　　　　B. 数据库系统
   C. 数据库管理系统　　　　　　　　D. 数据结构

2. 数据库系统是由硬件系统、数据库、数据库管理系统、软件系统、(　　　)、用户等构成的人机系统。
   A. 数据库管理员　　　　　　　　　B. 程序员
   C. 高级程序员　　　　　　　　　　D. 软件开发商

3. (　　　)不是数据库系统的特点。
   A. 较高的数据独立性　　　　　　　B. 最低的数据冗余度
   C. 数据多样性　　　　　　　　　　D. 较好的数据完整性

4. 数据库管理系统常见的数据模型有 3 种,它们是(　　　)。
   A. 网状、关系和语义　　　　　　　B. 层次、关系和网状
   C. 环状、层次和关系　　　　　　　D. 关系、面向对象和数据

5. 数据库(DB)、数据库系统(DBS)和数据库管理系统(DBMS)之间的关系是(　　　)。
   A. DBMS 包括 DB 和 DBS　　　　　B. DBS 包括 DB 和 DBMS
   C. DB 包括 DBS 和 DBMS　　　　　D. 并列关系

6. 数据库系统的核心是(　　　)。
   A. 数据模型　　　　　　　　　　　B. 数据库管理员
   C. 数据库　　　　　　　　　　　　D. 数据库管理系统

7. 下列关于数据库系统的叙述中,正确的是(　　　)。
   A. 数据库系统只是比文件系统管理的数据更多
   B. 数据库系统中数据的完整性是指数据类型完整
   C. 数据库系统避免了一切数据冗余
   D. 数据库系统减少了数据冗余

8. 数据包括（　　）。

    A. 文字　　　　　　　B. 图形　　　　　　　C. 声音　　　　　　　D. 以上都是

9. 数据的人工管理阶段存在的主要问题不包括（　　）。

    A. 数据不长期保存　　　　　　　　　B. 数据不具有独立性

    C. 数据安全性不高　　　　　　　　　D. 数据不共享，冗余度大

10. 数据库系统与文件系统的主要区别是（　　）。

    A. 文件系统不能解决数据冗余和数据独立性问题，而数据库系统可解决

    B. 文件系统只能管理少量数据，而数据库系统则能管理大量数据

    C. 文件系统只能管理程序文件，而数据库系统则能管理各种类型的文件

    D. 文件系统简单，而数据库系统复杂

11. 按照数据模型分类，Access 数据库属于（　　）。

    A. 层次型　　　　　B. 网状型　　　　　　C. 关系型　　　　　D. 对象-关系型

12. 数据库系统的基本数据模型有 3 种：层次模型、网状模型和关系模型。其中，层次模型体现了实体之间的（　　）联系。

    A. 多对多　　　　　B. 一对多　　　　　　C. 一对一　　　　　D. 都可以

13. 3 种数据模型中的网状模型体现了实体之间的（　　）联系。

    A. 多对多　　　　　B. 一对多　　　　　　C. 一对一　　　　　D. 都可以

14. 数据库系统的三级模式是（　　）。

    A. 上模式、模式、下模式　　　　　　B. 前模式、模式、后模式

    C. 外模式、模式、内模式　　　　　　D. 外模式、中模式、内模式

15. 数据完整性控制确保（　　）。

    A. 只有合法用户才能进行指定权限的操作

    B. 系统中数据的正确性、有效性和相容性

    C. 对多用户的并发操作予以控制和协调

    D. 系统有能力将数据库恢复到最近某个时刻的一个正确状态

16. 数据库系统的主要特点不包括（　　）。

    A. 数据结构化　　　　　　　　　　　B. 数据共享、数据独立性

    C. 并行运行　　　　　　　　　　　　D. 统一的数据控制功能

17. 数据管理技术的发展历程经历了 5 个阶段，依次是人工管理、（　　）、（　　）、分布式数库系统和面向对象数据库系统。

    A. 关系数据库和层次数据库系统　　　B. 文件系统和数据库系统

    C. 网状、层次、关系系统　　　　　　D. 表处理和磁盘处理

二、填空题

1. 把数据分散存储在网络的多个结点上，各个结点上的计算机可以利用网络通信功能访问其他结点上的数据库资源，这种数据库属于_____数据库。

2. 数据库中的数据是有结构的，这种结构是由数据库管理系统所支持的_____表现出来的。

3. 数据库系统的核心是_____。

4. 数据库管理系统的数据模型主要有_____、_____和_____。

5. Access 数据库管理系统应用的数据模型是_____。

6. 数据是表示_____的载体。

7. 数据的概念包括两个方面：一是描述事物特性的_____；二是存储在某一种媒体上的_____。

8. 数据处理是指_____。

9. 数据与信息之间的关系是_____。

10. 数据库凭借_____来反映事物本身及事物之间的各种联系。

11. 与文件系统相比，数据库系统最突出的优点是_____和_____。

12. 数据库中的数据按照一定的数据模型存放，此类数据被称为_____。

13. 数据库的统一控制功能包括：数据安全性控制、完整性控制、并发控制以及_____。

14. 用二维表结构表示实体以及实体之间联系的模型称为_____。

第2章　数据库概念及逻辑结构设计

一、选择题

1. 决定属性取值范围的是(　　)。

   A. 实体　　　　　　B. 域　　　　　　C. 码　　　　　　D. 联系

2. 在 Access 的数据库中，表就是(　　)。

   A. 关系　　　　　　B. 记录　　　　　　C. 索引　　　　　　D. 数据库

3. 一个关系相当于一张二维表，二维表中的各栏目相当于该关系的(　　)。

   A. 属性　　　　　　B. 元组　　　　　　C. 结构　　　　　　D. 数据项

4. 一个关系相当于一张二维表，二维表中的各行相当于该关系的(　　)。

   A. 元组　　　　　　B. 属性　　　　　　C. 数据项　　　　　　D. 表结构

5. 关系数据模型(　　)。

   A. 只能表示实体之间的 $1:1$ 联系　　　B. 只能表示实体之间的 $1:n$ 联系

   C. 只能表示实体之间的 $m:n$ 联系　　　D. 可以表示实体之间的上述三种联系

6. 下列关系模式中，正确的是(　　)。

   A. 学生(姓名，性别，出生日期)

   B. 学生(学号，姓名，性别，出生日期，年龄)

   C. 学生(学号，姓名，性别，出生日期，课程名，成绩)

   D. 学生(学号，姓名，性别，出生日期，照片，简历)

7. 一个关系中的各条记录(　　)。

   A. 前后顺序不能任意颠倒，一定要按照输入的顺序排列

　　B. 前后顺序不能任意颠倒，一定要按照关键字段值的顺序排列

　　C. 前后顺序可以任意颠倒，但排列顺序不同，统计处理的结果就可能不同

　　D. 前后顺序可以任意颠倒，不影响关系中数据的实际含义

8. 下列关于二维表的说法错误的是（　　　）。

　　A. 二维表中的列称为属性　　　　　　　　B. 属性的取值范围称为值域

　　C. 二维表中的行称为元组　　　　　　　　D. 属性的集合称为关系

9. 已知有项目和志愿者两个实体，一个项目有多名志愿者参与，一个志愿者可以参加多个项目，则项目与志愿者两个实体之间的联系类型为（　　　）。

　　A. 多对多联系　　　　B. 一对多联系　　　　C. 多对一联系　　　　D. 一对一联系

10. 在超市营业过程中，每个时段要安排一个班组上岗值班，每个收款口要配备两名收款员配合工作，共同使用一套收款设备为顾客服务。在某一时段，实体之间属于一对一关系的是（　　　）。

　　A. “顾客”与“收款口”的关系　　　　　　B. “收款口”与“收款员”的关系

　　C. “班组”与“收款员”的关系　　　　　　D. “收款口”与“设备”的关系

11. 在数据库中能够唯一标示一个元组的属性或属性的组合称为（　　　）。

　　A. 记录　　　　　　B. 字段　　　　　　C. 关键字　　　　　　D. 域

12. 设“职工档案”数据表中有职工编号、姓名、年龄、职务、籍贯等字段，其中可作为关键字的字段是（　　　）。

　　A. 职工编号　　　　B. 姓名　　　　　　C. 年龄　　　　　　D. 职务

13. 学校规定学生住宿标准是：本科生4人一间，硕士生2人一间，博士生1人一间，宿舍与学生之间形成了住宿关系，这种住宿关系是（　　　）。

　　A. 一对一联系　　　B. 一对四联系　　　C. 一对多联系　　　D. 多对多联系

14. 在已知教学环境中，一名学生可以选择多门课程，一门课程可以被多名学生选择，这说明学生记录型与课程记录型之间的联系是（　　　）。

　　A. 一对一　　　　　B. 一对多　　　　　C. 多对多　　　　　D. 未知

15. 假设数据库中表A与表B建立了一对多关系，表B为“多”的一方，则下述描述中正确的是（　　　）。

　　A. 表B中的一条记录能与表A中的多条记录匹配

　　B. 表A中的一条记录能与表B中的多条记录匹配

　　C. 表B中的一个字段能与表A中的多个字段匹配

　　D. 表A中的一个字段能与表B中的多个字段匹配

16. 如果表A中的一条记录与表B中的多条记录相匹配，而表B中的一条记录与表A中的一条记录相匹配，则表A与表B存在的关系是（　　　）。

　　A. 一对一　　　　　B. 一对多　　　　　C. 多对一　　　　　D. 多对多

17. 关系模型中，一个关键字（　　　）。

　　A. 可由多个任意属性组成

　　B. 可由一个或多个其值能唯一标识该关系模式中任何元组的属性组成

    C. 至多由一个属性组成

    D. 以上都不是

二、填空题

1. 关系是具有相同性质的_____的集合。

2. 如果一个班级只有一个班长，而且这个班长不能同时兼任其他班级的班长，则班级和班长两个实体之间存在_____联系。

3. 在数据库技术中，实体集之间的联系可以是一对一或一对多或多对多的，那么"学生"和"可选课程"的联系为_____。

4. 一个关系表的行称为_____。

5. 工资关系中有职工号、姓名、职务工资、津贴、公积金、所得税等字段，其中可以作为关键字的字段是_____。

6. 二维表中的每一列称为一个字段，或称为关系的一个_____；二维表中的每一行称为一个记录，或称为关系的一个_____。

7. 在一个关系中有这样一个或几个字段，它(们)的值可以唯一地标识一条记录，这样的字段被称为_____。

8. 实体完整性约束要求关系数据库中元组的_____属性值不能为空。

9. 表之间的关系就是通过主键与_____作为纽带实现的。

10. 在关系 A(S,SN,D) 和关系 B(D,CN,NM) 中，A 的主关键字是 S，B 的主关键字是 D，则称_____是关系 A 的外码。

11. 关系模型的完整性规则包括：_____、_____和_____。

12. 如果表中一个字段不是本表的主关键字，而是另外一个表的主关键字或候选关键字，这个字段称为_____。

13. 性质相同的实体组成的集合称为_____。

14. 关系规范化的目的是要确保这个关系尽量不存在_____、_____和_____等问题。

15. 从关系数据库理论角度讲，一个关系模式之所以不合理，原因是关系模式中存在某些_____。

16. 属性间的依赖有多种，主要包括_____、_____和_____。

17. 模式分解的基本原则是_____和_____。

第 3 章 数据库物理结构设计与维护

一、选择题

1. 在数据表中下列不可以定义为主键的是(   )。

    A. 自动编号   B. 单字段   C. 长文本   D. 多字段

2. Access 数据库中，表的组成是（　　）。

  A. 字段和记录   B. 查询和字段

  C. 记录和窗体   D. 报表和字段

3. 在数据表中，可以定义 3 种主关键字，它们是（　　）。

  A. 单字段、双字段和多字段   B. 单字段、双字段和自动编号

  C. 单字段、多字段和自动编号   D. 双字段、多字段和自动编号

4. 数据表中字段的数据类型不包括（　　）类型。

  A. 长文本   B. 自动编号   C. 日期/时间   D. 字体

5. 假设某数据库包含三张数据表：学生 S（学号，姓名，性别，年龄，身份证号）、课程 C（课号，课名）、成绩 SC（学号，课号，成绩），则表 SC 的主键为（　　）。

  A. 课号和成绩   B. 学号和课号

  C. 学号和成绩   D. 学号和姓名及成绩

6. Access 中表和数据库的关系是（　　）。

  A. 数据库就是数据表

  B. 一个数据库可以包含多张数据表

  C. 一个数据库只能含一张数据表

  D. 一张数据表可以包含多个数据库

7. 若处理一个值为 50 000 的整数，应采用（　　）数据类型描述更合适。

  A. 整型   B. 长整型   C. 单精度   D. 短文本

8. 如果字段内容为声音文件，则该字段的数据类型应定义为（　　）。

  A. 文本   B. 长文本   C. 超级链接   D. OLE 对象

9. 数据表之间的参照完整性规则不包括（　　）。

  A. 更新规则   B. 删除规则   C. 插入规则   D. 检索规则

10. 要在数据库中的各个数据表之间建立关联关系，一方数据表必须建立（　　）。

  A. 主关键字   B. 候选关键字   C. 普通索引   D. 唯一索引

11. 数据表中某一字段要建立索引，其值允许出现重复，可选的索引类型是（　　）。

  A. 有（有重复） B. 主索引   C. 无   D. 有（无重复）

12. 下列不能创建索引的数据类型是（　　）。

  A. 短文本   B. 货币   C. 日期   D. OLE 对象

13. 在数据表中，建立索引的主要作用是（　　）。

  A. 节省存储空间   B. 提高查询速度

  C. 便于管理   D. 防止数据丢失

14. "教学管理"数据库中有系名表、学生表、课程表和选课表，为了有效地反映这四张表中数据之间的联系，在创建数据库时应设置（　　）。

  A. 默认值   B. 有效性规则

  C. 索引   D. 表之间的关系

15. 在建立数据表"商品信息"时，若将"单价"字段的有效性规则设置为"单价＞0"，则可以保证数据的（　　）。

A. 实体完整性　　　　　　　　B. 域完整性

C. 参照完整性　　　　　　　　D. 表完整性

16. 在 Access 数据库的表设计视图中,不能进行的操作是( )。

A. 修改字段类型　　　　　　　B. 设置索引

C. 增加字段　　　　　　　　　D. 删除记录

17. 以下关于 Access 表的叙述中,正确的是( )。

A. 表一般包含一到两个主题的信息

B. 表的数据表视图只用于显示数据

C. 表设计视图的主要工作是设计表的结构

D. 在表的数据表视图中,不能修改字段名称

18. 不属于 Access 对象的是( )。

A. 表　　　　　B. 文件夹　　　　　C. 窗体　　　　　D. 查询

19. 某数据库表的结构中含有年龄字段,选择( )最合适。

A. 整型　　　　B. 长整型　　　　　C. 日期型　　　　D. 字节型

20. 下面有关索引的叙述中,正确的是( )。

A. 建立索引后,原数据库表文件中记录的物理顺序将被改变

B. Access 会对主键字段自动创建索引,其他情况需要用户自己创建

C. 作为索引关键字的字段不能出现重复值

D. 索引与排序没有本质区别

二、填空题

1. Access 数据库的文件扩展名是_____。

2. 若某数据表中含有电话号码字段,则该字段应选取的合理数据类型是_____。

3. Access 的数据表中有 4 个常见数据类型的宽度是固定的: _____、_____、_____和_____。

4. 存储图像的 OLE 型字段,宽度小于_____。

5. 学生表入学成绩字段的有效性规则定义为">=0 And <=750",该规则对应的逻辑表达式是_____。

6. 长文本类型的字段存储的字节数最多为_____。

7. 在字段定义时字段大小不能定义具体值的类型有_____、_____附件、计算和查阅向导。

8. 在数据库"一对多"的关联中,_____方是父表,_____方是子表。

9. 高级筛选时在同一行描述的条件表示逻辑_____,在同一列描述的条件表示逻辑_____。

三、操作题

1. 创建本章使用的"教学管理"数据库、四个数据表,并定义数据表之间的参照完整性关系。数据库参考资料如附图1所示。

学生

系号	学号	姓名	性别	出生日期	入学成绩	是否保送	简历	照片
01	1901011	李晓明	男	2001/1/20	601	☐		
02	1901012	王民	男	2001/2/3	610	☐		
01	1901013	马玉红	女	2001/12/4	620	☐		
03	1901014	王海	男	2001/4/15	622.5	☐		
04	1901015	李建中	男	2001/5/6	615	☐		
01	1901016	田爱华	女	2001/3/7	608	☐		
02	1901017	马萍	女	2001/7/8		☑		
03	1901018	王刚	男	2001/8/9		☑		
04	1901019	刘伟	男	2001/9/10	608	☐		
01	1901020	赵洪	男	2001/1/15	623	☐		
02	1901021	关艺	女	2001/1/23	614	☐		
03	1901022	鲁小河	女	2001/5/12	603	☐		
04	1901023	刘宁宁	女	2001/7/7		☑		
01	1901024	万海	男	2001/4/30	602	☐		
05	1901025	刘毅	男	2001/11/6	615	☐		
05	1901026	吕小海	男	2001/10/26		☑		
05	1901027	王一萍	女	2001/9/25	601	☐		
01	1901028	曹梅梅	女	2001/6/17	599	☐		
02	1901029	赵庆丰	男	2001/7/18	600	☐		
03	1901030	关萍	女	2001/3/28	607	☐		
06	1901031	章佳	女	2001/10/20	585	☐		
06	1901032	崔一楠	女	2001/8/27	576	☐		

记录：第1项(共22项) 无筛选器 搜索

(a) 学生表

系名

系号	系名
01	信息系
02	人力资源系
03	国际经济与贸易
04	计算机技术与科学
05	中文系
06	日语系
07	电子商务
08	工商管理
09	生物科学
10	国际会计
11	旅游管理
12	应用数学
13	材料化学
14	英语系

记录：第1项(共14项) 无筛选器

(b) 系名表

课程

课程号	课程名	学时	学分	是否必修
101	高等数学	54	5	☑
102	大学英语	36	3	☑
103	数据库应用	36	3	☑
104	邓小平理论	24	2	☑
105	第二外语	36	2	☐
106	软件基础	37	8	☑
107	管理学	45	3	☑
108	军事理论	32	2	☑
109	体育	32	2	☑
110	线性代数	54	3	☐

记录：第1项(共10项) 无筛选器 搜索

(c) 课程表

选课成绩

学号	课程号	成绩
1901011	101	95
1901011	102	70
1901011	103	82
1901012	102	88
1901012	103	85
1901012	104	81
1901013	105	85
1901014	101	88
1901014	106	90
1901015	105	80
1901016	105	80
1901016	101	83
1901016	103	98
1901016	105	75
1901018	104	92
1901018	105	81
1901019	103	86
1901019	106	85
1901020	101	95
1901020	102	85
1901020	104	97
1901022	103	77
1901023	101	84
1901023	102	87
1901023	104	84
1901024	101	91
1901024	102	88
1901024	105	0
1901025	102	85
1901025	105	75
1901026	102	89
1901026	103	91
1901027	101	93
1901027	104	92
1901027	106	97
1901028	105	91
1901029	102	95
1901029	104	89
1901029	105	94
1901030	104	86
1901030	105	87

记录：第20项(共41项) 无筛选器

(d) 选课成绩表

附图 1　数据库参考资料

2. 对学生表按照系号升序、性别升序、学号降序的排列要求排序。

3. 完成下列筛选操作。

(1) 筛选"01"和"03"系号的学生记录。

(2) 筛选学生表学号以"3"结尾的学生记录。

(3) 筛选出年龄大于李晓明的学生记录。

(4) 筛选出 03 号系的男生和 01 号系的女生记录。

第 4 章 常量、变量、表达式与函数

一、选择题

1. 下列符号中合法的变量名是( )。

    A. AB7   B. 7AB   C. IF   D. A[B]7

2. 下列四个用户定义的内存变量名中,错误的是( )。

    A. 学生   B. new_1   C. 6Class   D. A_B

3. 下面合法的变量名是( )。

    A. X_yz   B. integer   C. 123abc   D. X-Y

4. 8E-3 是一个( )。

    A. 内存变量   B. 字符常量   C. 数值常量   D. 非法表达式

5. 下面数据中为合法常量的是( )。

    A. 02/07/2001   B. Yes   C. True   D. 15%

6. 下面合法的常量是( )。

    A. ABC   B. "ABC "   C. 'ABC '   D. (ABC)

7. 下列表达式中不符合表达式书写规范的是( )。

    A. 04/07/2001   B. T+T   C. VAL("1234")   D. 2X>15

8. 以下各表达式中,运算结果为字符型的是( )。

    A. Mid("123.45",5,1)   B. Asc("Computer")

    C. Instr("IBM","Computer")   D. Year(Date)

9. 表达式 5+5 Mod 2 * 2 的运算结果为( )。

    A. 错误   B. 6   C. 10   D. 7

10. VBA 表达式 3 * 3\3/3 的输出结果是( )。

    A. 0   B. 1   C. 3   D. 9

11. 数学表达式 $1 \leqslant X \leqslant 6$ 可以表示为( )。

    A. 1=<X OR X=<6   B. X>=1 AND X<=6

    C. X>=1,X<=6   D. X>=1 OR X=<6

12. 从字符串 s 中的第 2 个字符开始获得 4 个字符的字符串函数是( )。

    A. Mid(s,2,4)   B. Left(s,2,4)

　　　　　C. Rigth(s,4)　　　　　　　　　　　　　D. Left(s,4)

13. 表达式 Fix(−3.25)和 Fix(3.75)的结果分别是（　　）。

　　　A. −3,3　　　　　B. −4,3　　　　　C. −3,4　　　　　D. −4,4

14. 下列表达式中,返回结果为逻辑真的是（　　）。

　　　A. "120">"15"　　　　　　　　　　　B. ♯08-11-2018♯ > ♯08-11-2019♯

　　　C. "08/11/18">"07/11/19"　　　　　D. "35"+"40">"70"

15. 假设变量 CJ 的值是 78,则函数:IIF(CJ>=60,Iif(CJ>=85,"优秀","良好"),"差")返回的结果是（　　）。

　　　A. 优秀　　　　　B. 差　　　　　C. 良好　　　　　D. 85

16. 函数 Instr("副教授","教授")的结果是（　　）。

　　　A. True　　　　B. False　　　　C. 2　　　　　D. 3

17. 逻辑运算的优先顺序是（　　）。

　　　A. And、Or、Not　　　　　　　　　B. Or、Not、And

　　　C. Not、And、Or　　　　　　　　　D. Not、Or、And

18. 执行以下两条命令后,输出结果是（　　）。

```
BOOKS ="南开大学图书管理系统"
? LEN(MID(BOOKS,5))
```

　　　A. 16　　　　　B. 6　　　　　C. 12　　　　　D. 语法错误

19. 下面四种运算符,优先级别最低的是（　　）。

　　　A. 算术运算符　　　B. 逻辑运算符　　　C. 连接运算符　　　D. 关系运算符

20. \、/、Mod、* 4 个算术运算符中,优先级别最低的是（　　）。

　　　A. \　　　　　B. /　　　　　C. Mod　　　　　D. *

21. Rnd 函数不可能为下列哪个值?（　　）

　　　A. 0　　　　　B. 1　　　　　C. 0.1234　　　　　D. 0.0005

22. 表达式 Chr(Int(Rnd * 10+66))产生的范围是（　　）。

　　　A. "A"~"Z"　　　B. "a"~ "z"　　　C. "B"~"K"　　　D. "b"~ "k"

23. 表达式 Int(198.555 * 100+0.5)/100 的值为（　　）。

　　　A. 198　　　　　B. 199.6　　　　　C. 198.56　　　　　D. 200

24. 假设有一组数据:工资为 800 元、职称为"讲师"、性别为"男",在下列逻辑表达式中结果为"假"的是（　　）。

　　　A. 工资>800 And 职称="助教" Or 职称="讲师"

　　　B. 性别="女" Or Not 职称="助教"

　　　C. 工资=800 And（职称="讲师" Or 性别="女")

　　　D. 工资>800 And（职称="讲师" Or 性别="男")

25. 下列关于变量的说法中错误的是（　　）。

　　　A. 以字母、汉字或下画线开头

   B. 由字母、汉字、空格、下画线或数字组成

   C. 长度不超过 255 个字符

   D. 不能使用 VBA 的保留字作变量名

26. 已知 A＝12345678,则表达式 Val(Mid(A,4,2) ＋ Mid(A,1,4))的值是(　　　)。

   A. 561234　　　　B. 454321　　　　C. 654321　　　　D. 451234

27. 表达式 Len("abc 程序设计教程 123")的值是(　　　)。

   A. 18　　　　　　B. 12　　　　　　C. 11　　　　　　D. 20

28. 要存放某人的年龄,下面的(　　　)数据类型占用的字节数最少。

   A. Short　　　　B. Byte　　　　C. Integer　　　　D. Long

29. 赋值语句 a＝123 & MID("123456 ",3,2)被执行后,变量 a 中的值是(　　　)。

   A. "12334"　　　B. .123　　　　C. 157　　　　D. " 157 "

30. 下列表达式计算结果为日期类型的是(　　　)。

   A. ♯2019-1-23♯-♯2018-2-3♯　　　　B. DateValue("2019-2-3")

   C. Year(♯2019-2-3♯)　　　　D. Len("2019-2-3")

二、填空题

1. 在 Access 的基本数据类型中,整型的英文名称是_____。

2. VBA 的逻辑值在表达式当中进行算术运算时,True 值被当作_____,False 值被当作_____来处理。

3. 已知 a＝3.5,b＝5.0,c＝2.5,d＝True,则表达式 a>=0 And a+c>b+5 or not d 的值是_____。

4. 已知 A＝"87654321",则表达式 Val(Left(A,4)＋Mid(A,4,2))的值是_____。

5. 表达式 Len("高等教育出版社")的值是_____。

6. 表达式 DateDiff("M",♯3/25/2019♯,♯10/30/2019♯)的值是_____。

7. 表达式 123 ＋ 23 Mod 10 \ 7 ＋ Asc("A")的值是_____。

8. 表达式 Asc(Chr(100))的值为_____。

9. 设系统日期为 2019 年 11 月 26 日,下列表达式的值是_____。

   ?Val(Mid("2009",3)+Right(Str(Year(Date())),2))+17

10. 要显示当前机器内系统日期的函数为_____。

11. 取字符型变量 s 中从第 5 个字符开始的 6 个字符,其表达式是_____。

12. 表示变量 x、y 都大于 z 的逻辑表达式是_____。

13. 将正实数 x 保留两位小数,使用 Round()函数书写的表达式是_____。

14. 将正实数 x 保留两位小数,使用 Int()函数书写的表达式是_____。

15. 整型变量 x 中存放了一个两位数,要将两位数交换位置,例如 67 变成 76,实现这一功能的表达式是_____。

16. 表示 x 是 5 的倍数或者是 7 的倍数的表达式是_____。

17. 设 x 是一个整型变量,写出 x 的个位数是奇数的表达式_____。

18. 算术表达式 $\dfrac{a+b}{\dfrac{1}{c+5}-\dfrac{1}{2}cd}$ 对应的 Access 表达式为 _____。

第5章 数据检索与查询文件

一、选择题

1. 下列不属于操作查询的是( )。

    A. 参数查询   B. 生成表查询   C. 更新查询   D. 删除查询

2. 将表 A 的记录添加到表 B 中,若保持表 B 中原有的记录,可以使用的查询是( )。

    A. 选择查询   B. 生成表查询   C. 追加查询   D. 更新查询

3. 若在数据库中已有同名的表,要通过查询覆盖原表,应使用的查询类型是( )。

    A. 删除   B. 追加   C. 生成表   D. 更新

4. 在 Access 中,查询的数据源可以是( )。

    A. 表   B. 查询   C. 表、查询和报表   D. 表和查询

5. 在 Access 的数据表中有"专业"字段,要查找包含"信息"两个字的记录,正确的查询条件表达式是( )。

    A. =Left([专业],2)="信息"   B. Like" * 信息 * "

    C. ="信息 * "   D. Mid([专业],1,2)="信息"

6. 在 Access 数据库中使用向导创建查询,其数据源( )。

    A. 来自多个表   B. 来自一个表

    C. 来自一个表的一部分   D. 以上都可以

7. 创建参数查询时,在查询设计视图的条件网格中应将参数提示文本放置在( )。

    A. { }中   B. ( )中   C. [ ]中   D. < >中

8. 若要查询成绩 85~100 分(包括 85 分,不包括 100 分)的学生信息,查询设计视图的条件网格正确的设置是( )。

    A. >84 Or <100   B. Between 85 And 100

    C. In (85,100)   D. >=85 And <100

9. 若在选课成绩表中查找"101"和"102"课程选课情况,应在查询设计视图的条件网格中输入( )。

    A. "101" And "102"   B. Not("101","102")

    C. Not In ("101","102")   D. In ("101","102")

10. 关于创建索引文件,以下说法错误的是( )。

    A. 应该为所有表的所有字段创建索引

    B. 数据库的数据量大的时候,能大大加快数据的检索速度

    C. 当数据量不大的时候,创建索引是毫无意义的

D. 当数据进行增、删、改操作时,索引会降低这些操作的速度

11. 若要在文本型字段执行全文搜索,查询以"Access"开头的字符串,正确的条件表达式为(   )。

    A. Like "Access * "   B. Like "Access"

    C. Like " * Access * "   D. Like " * Access"

12. 关于删除查询,下面叙述正确的是(   )。

    A. 每次操作只能删除一条记录

    B. 每次删除符合条件的整条记录

    C. 删除过的记录只能用"撤销"命令恢复

    D. 每次删除符合条件的多个字段

13. 关于查询和表之间的关系,下面说法中正确的是(   )。

    A. 查询的结果就是创建一个新表

    B. 查询的结果存在于用户指定的地方

    C. 查询中所存储的只是在数据库中筛选数据的准则

    D. 每次运行查询时,Access 无须再次访问数据源即刻得到查询结果

14. 建立一个基于"学生"表的查询,要查找"出生日期"(数据类型为日期/时间型)在2000 年 6 月 6 日至 2000 年 7 月 6 日间的学生,在"出生日期"对应列的"条件"行中输入的表达式为(   )。

    A. Between 2000-06-06 And 2000-07-06

    B. Between ♯2000-06-06♯ And ♯2000-07-06♯

    C. Between 2000-06-06 Or 2000-07-06

    D. Between ♯2000-06-06♯ Or ♯2000-07-06♯

15. 附图 2 显示的是查询设计视图的"设计网格"部分。

附图 2 设计网格

从所显示的内容中可以判断出该查询要查找的是(   )。

    A. 性别为"女"并且 2000 年以前出生的记录

    B. 性别为"女"并且 2000 年以后出生的记录

    C. 性别为"女"或者 2000 年以前出生的记录

    D. 性别为"女"或者 2000 年以后出生的记录

16. 现有某查询设计视图（如附图 3 所示），该查询要查找的是（　　　）。

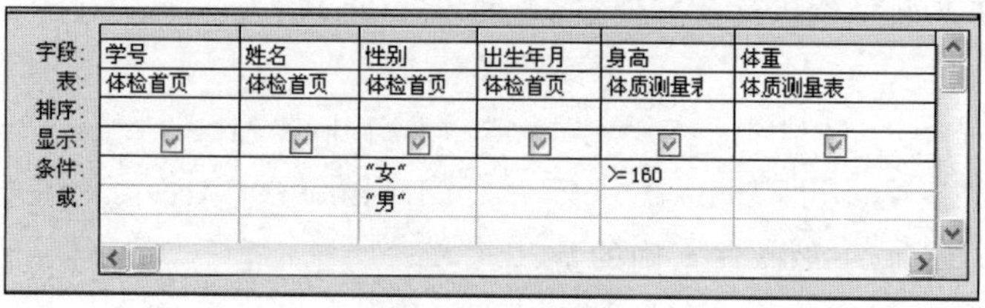

字段	学号	姓名	性别	出生年月	身高	体重
表	体检首页	体检首页	体检首页	体检首页	体质测量表	体质测量表
排序						
显示	☑	☑	☑	☑		
条件			"女"		>=160	
或			"男"			

附图 3　设计视图

　　A. 身高在 160 以上的女性和所有男性

　　B. 身高在 160 以上的男性和所有女性

　　C. 身高在 160 以上的所有人或男性

　　D. 身高在 160 以上的所有人

二、填空题

1. 查询结果可以作为其他数据库对象的_____。

2. 查询与筛选的最主要区别是_____。

3. 查询概括起来可以分为 4 大类，分别是_____、_____、_____和_____。

4. 查询设计视图中设计网格区域的条件网格，输入在同一行的条件表示_____逻辑关系；输入在不同行的条件表示_____逻辑关系。

5. 查询设计视图中设计网格区域课程号字段对应的条件网格输入：In("101","103")，其条件含义对应的逻辑表达式是：_____。

6. 现将 2005 年以前参加工作的教师，其职称全部改为副教授，则适合创建的查询文件是_____（请填写查询类型）。

7. 利用对话框提示用户输入参数的查询过程称为_____查询（请填写查询类型）。

8. 用设计视图创建查询时，分组统计查询需要在设计网格上增加一个_____网格。

9. 运行查询文件后，在窗口中显示的查询结果数据实际上存在于计算机的_____中（填写某个硬部件名称）。

三、操作题

完成教程中各例题的查询，并按指定名称保存。在此基础上按下述要求，创建相应的查询文件。

1. 创建名为"招生清单"的查询文件，显示的数据项有：系名以及学生表中除系号字段之外的所有数据项，记录的输出顺序以系号升序显示。

2. 查询每门课程的选课信息，输出的数据项包含：课程号、课程名、学分、学号、姓名、（选课）成绩并按课程名升序排列，保存到"选课清单"查询文件。

3. 查询所有人民文学出版社出版的图书名称，及其库存图书总价值。

4. 查询所有杂志社（非出版社）出版的图书信息。

5. 查询库存量低于 200 本的图书近两年来的销售情况。

6. 查询每个顾客购买图书的总数量，结果按照总数量降序排列。

7. 分别查询"生活"和"小说"类图书的平均价格和总销售数量。

8. 查询生活类图书的销售情况（包括所有图书信息以及订购信息），将结果存储到"图书销售统计表"。

9. 将百科类图书的销售情况追加到"图书销售统计表"中。

10. 将所有库存量低于 100 册的图书库存都增加 50％。

11. 将所有单笔订单数量超过 300 册的图书单价增加 5％。

12. 删除所有 1990 年以前出版的图书信息及其销售信息。

13. 创建交叉表，查询图书名、顾客名和订购数量。

14. 查询有哪些图书没有被订购过。

15. 查询有哪些顾客没有订购过图书。

第 6 章　数据库标准语言 SQL

一、选择题

1. 使用 Like 运算符，查询姓"江"学生的子句正确的是(　　)。
　　A. "＊江"　　　　　B. "＊江＊"　　　　　C. "？江"　　　　　D. "江＊"

2. 工资表结构：工资(职工号 C，基本工资 N，工龄工资 N，实发工资 N)。现将所有职工的基本工资提高 10％；工龄工资提高 5％，按照有关工资的变动，重新计算实发工资字段值，下面命令正确的是(　　)。
　　A. Update 工资 Set 实发工资 ＝ 基本工资＊1.1＋工龄工资＊1.05
　　B. Update 工资 Set 实发工资＝ 基本工资＋工龄工资，
　　　　基本工资 ＝ 基本工资＊1.1，工龄工资 ＝ 工龄工资＊1.05
　　C. Update 工资 Set 基本工资 ＝ 基本工资＊1.1，工龄工资 ＝ 工龄工资＊1.05，
　　　　实发工资 ＝ 基本工资＊1.1＋工龄工资＊1.05
　　D. Update 工资 Set 基本工资 ＝ 基本工资＊1.1，工龄工资 ＝ 工龄工资＊1.05，
　　　　实发工资 ＝ 基本工资＋工龄工资

3. 若要将表"图书"表中所有单价低于 20 元的图书销售单价上调 1.5 元，正确的 SQL 语句是(　　)。
　　A. Update 图书 Set 单价＝1.5 Where 单价＜20
　　B. Update 图书 Set 单价＝单价＋1.5 Where 单价＜20
　　C. Update From 图书 Set 单价＝1.5 Where 单价＜20
　　D. Update From 图书 Set 单价＝单价＋1.5 Where 单价＜20

4. 在 SQL 的 Select 语句中，用于指明查询结果排序的子句是(　　)。
　　A. From　　　　　B. While　　　　　C. Group By　　　　　D. Order By

5. SQL 查询语句中，用来实现数据列选取的短语是(　　)。
　　A. Where　　　　　B. From　　　　　C. Select　　　　　D. Group By

6. 以下关于空值的叙述中,错误的是(　　　)。

　　A. 空值表示字段还没有确定值　　　　　　B. Access 使用 NULL 来表示空值

　　C. 空值等同于空字符串　　　　　　　　　D. 空值不等于数值 0

7. 有如下 Select 语句:

　　Select * From 工资表　Where 基本工资<=2000 And 基本工资>=1500

下列与该语句等价的是(　　　)。

　　A. Select * From 工资表 Where 基本工资 Between 1500 And 2000

　　B. Select * From 工资表 Where 基本工资 Between 2000 And 1500

　　C. Select * From 工资表 Where 基本工资 In(1500，2000)

　　D. Select * From 工资表 Where NOT (基本工资>=1500 Or 基本工资<=2000)

8. 在 Access 数据库中创建一个新表,应该使用的 SQL 语句是(　　　)。

　　A. Create Table　　　B. Alter Table　　　　C. Create Index　　　D. Create Database

9. 在下列查询语句中,与 Select * From 学生 Where InStr([简历],"篮球")<>0 功能相同的语句是(　　　)。

　　A. Select * From 学生 Where 简历 Like"篮球"

　　B. Select * From 学生 Where 简历 Like" * 篮球"

　　C. Select * From 学生 Where 简历 Like" * 篮球 * "

　　D. Select * From 学生 Where 简历 Like"篮球 * "

10. 查询中文系和计算机系的信息,使用的 SQL 语句是(　　　)。

　　A. Select * From 系名 Where 系名="中文系" And "计算机系"

　　B. Select * From 系名 Where 系名="中文系" Or "计算机系"

　　C. Select * From 系名 Where 系名="中文系" And 系名="计算机系"

　　D. Select * From 系名 Where 系名="中文系" Or 系名="计算机系"

11. 以下 SQL 语句和其他三条执行结果不一样的是(　　　)。

　　A. Select 学号，课程号，成绩 FROM 选课成绩
　　　　Where 课程号 Not In ("101","103")

　　B. Select 学号，课程号，成绩 From 选课成绩
　　　　Where 课程号<>"101" And 课程号<>"103"

　　C. Select 学号，课程号，成绩 From 选课成绩
　　　　Where Not 课程号="101" And 课程号="103"

　　D. Select 学号，课程号，成绩 From 选课成绩
　　　　Where Not (课程号="101" Or 课程号="103")

12. 查询入学成绩为空值的学生的学号、姓名、入学成绩,正确的是(　　　)。

　　A. Select 学号,姓名,入学成绩 From 学生 Where 入学成绩 = NULL

　　B. Select 学号,姓名,入学成绩 From 学生 Where 入学成绩 Is NULL

　　C. Select 学号,姓名,入学成绩 From 学生 Where 入学成绩　NULL

　　D. Select 学号,姓名,入学成绩 From 学生 Where 入学成绩 In NULL

13. 查询最少选修了 3 门课程的学生学号,正确的 SQL 语句是(   )。

  A. Select 学号,Count(﹡)From 选课成绩

    Where Count(﹡)>=3 Group By 学号

  B. Select 学号,Count(﹡)From 选课成绩

    Where Count(﹡)>=3 Group By 学号,姓名

  C. Select 学号,Count(﹡)From 选课成绩

    Group By 学号 Having Count(﹡)>=3

  D. Select 学号,Count(﹡)From 选课成绩

    Group By 学号,姓名 Having Count(﹡)>=3

14. 要查询入学成绩最高的学生学号,以下 SQL 语句错误的是(   )。

  A. Select 学号 From 学生 Where 入学成绩>=All

    (Select 入学成绩 From 学生)

  B. Select 学号 From 学生 Where 入学成绩>=Any

    (Select 入学成绩 From 学生)

  C. Select 学号 From 学生 Where 入学成绩 In

    (Select Max(入学成绩) From 学生)

  D. Select 学号 From 学生 Where 入学成绩=

    (Select Max(入学成绩) From 学生)

15. 学号为 9922011 的学生选修了 103 号课程,考试成绩为 85 分,向选课成绩表中添加这条新记录的正确命令是(   )。

  A. Insert Into 选课成绩 Values("9922011","103",85)

  B. Insert To 选课成绩 Values("9922011","103",85)

  C. Insert Into 选课成绩(学号,课程号,成绩) Values("9922011","103","85")

  D. Insert To 选课成绩(学号,课程号,成绩) Values("9922011","103","85")

16. 有关 SQL 中 Select 命令的排序子句,以下说法错误的是(   )。

  A. 后缀 Desc 表示降序   B. 后缀 Asc 表示升序

  C. 省略后缀表示升序   D. 省略后缀表示降序

17. 如果想为字段自定义别名,可以使用关键词(   )。

  A. As   B. For   C. From   D. On

18. 学生表中的是否保送字段为逻辑型(是否型),查询保送生的信息,其 SQL 语句的条件短语不可以写成(   )。

  A. Where 是否保送   B. Where 是否保送=TRUE

  C. Where 是否保送=-1   D. Where 是否保送=1

19. 用如下 SQL 语句创建了表 SC:

```
Create Table SC (SNo Char(6) Not NULL, CNo Char(3) Not NULL,
Score Integer, Note Char(20))
```

以下（　　）记录可以插入该表中。

A. ("102312"，"101"，60，选修)　　　　B. ("222302"，"112"，NULL，NULL)

C. (NULL，"101"，65，"必修")　　　　　D. (231034，"101"，78，"")

二、填空题

1. 在 SQL Select 语句中，如果需要输出计算字段（函数或表达式的值），其计算字段的字段名用_____子句定义。

2. 在 SQL 语句中，_____命令可以向表中输入记录。

3. 在 SQL 查询语句中，用_____子句消除重复出现的记录行。

4. 在 SQL 查询语句中，表示条件表达式用 Where 子句，分组用_____子句，排序用_____子句。

5. 在 Order By 子句的选择项中，Desc 代表_____输出；省略 Desc 时，则代表_____输出。

6. 在 SQL 查询语句中，定义一个区间范围的特殊运算符是_____，检查一个属性值是否属于一组值中的特殊运算符是_____。

7. 在 SQL 查询语句中，字符串匹配运算符用_____，匹配符_____表示零个或多个字符，_____表示任何一个字符。

8. SQL 语句定义参照完整性约束（外键约束）的短语是：

_____（外键字段名）_____父表名（父表主键字段名）

9. 用 SQL 语句定义学号为主键，身份证号为候选键。其语句结构为：

Create Table 学生(学号 Char(7)_____,身份证号 Char(18) Uuique,
姓名 Char(8),性别 Char(2)))

10. 定义选课成绩表，并和学生表建立参照完整性约束，正确的 SQL 语句为：

Create Table 选课成绩(学号 Char(7),课程号 Char(3),成绩 Real,
Foreign Key (学号)　　References _____)

11. 在系名表中添加一个"办公地点"字段，字符型，长度为 20。对应的 SQL 命令为：

Alter Table 系名_____办公地点 Char(20);

12. Select 语句中用于统计记录个数的函数是_____。

13. 查询学生姓名包含两个字且第二个字是"海"的学生信息。正确的 SQL 语句是：

Select * From 学生 Where 姓名 Like _____

14. 查询入学成绩非空值的学号和姓名，正确的 SQL 语句是：

Select 学号,姓名 From 学生 Where 入学成绩 _____

15. 查询 102 号课程考试成绩最高分的学生学号和成绩，正确的 SQL 语句是：

Select 学号,成绩 From　选课成绩
Where 课程号="102" And 成绩　_____

(Select 成绩 From 选课成绩 Where 课程号="102")

16. 分别查询男生和女生的人数,正确的 SQL 语句是:

Select 性别,count(*) From 学生 _____

17. 查询人数大于 50 人的系号,正确的 SQL 语句是:

Select 系号,count(*) From 学生 Group By 系号 _____

三、操作题

根据图书销售数据库,用 SQL 语句完成以下查询。

1. 查询小说类图书的销售情况,输出数据包括顾客号、订购日期和数量。

2. 查询赵鸣购买图书的情况,输出购买图书的书号和数量。

3. 查询所有购买小说类图书的顾客姓名。

4. 查询一次购买 300 册以上图书的顾客名及书名。

5. 查询购买了小说或生活类图书的顾客名。

6. 查询每位顾客的购书清单,输出顾客名、书名、订购日期及应付款。

7. 查询李倩玉所购图书的清单,输出所有书名及应付款。

8. 列出每本书的销售总数量,输出书号、书名及销售数量,并按销售量降序排列。

9. 统计每位顾客购买图书的总数量、总销售额,并按总销售额降序排列。

10. 查询生活类、2015 年 12 月 31 日以前出版的图书情况,输出书名及出版社。

11. 查询小说类、没有销售记录的图书情况,输出书号、书名、出版社、出版日期和库存值。

12. 查询平均库存高于 500 的图书类别及平均库存。

第 7 章   窗体与报表设计

一、选择题

1. 在窗体中,用来输入或编辑数据的交互型控件是(   )。

    A. 文本框控件   B. 标签控件   C. 复选框控件   D. 列表框控件

2. 要改变窗体上文本框控件的输出内容,应设置的属性是(   )。

    A. 标题   B. 查询条件   C. 控件来源   D. 记录源

3. 窗体 Caption 属性的作用是(   )。

    A. 确定窗体的标题   B. 确定窗体的名称

    C. 确定窗体的边界类型   D. 确定窗体的字体

4. 在"窗体视图"中显示窗体时,窗体中没有记录选定器,应将窗体的"记录选定器"属性值设置为(   )。

    A. 是   B. 否   C. 有   D. 无

5. 在"窗体视图"中显示窗体时，窗体中没有窗体导航按钮，应将窗体的"窗体导航按钮"属性值设置为(　　　)。

　　　A. 是　　　　　　　　B. 否　　　　　　　　C. 有　　　　　　　　D. 无

6. 假设某个窗体可以输入教师信息，其中的职称字段要提供"教授""副教授""讲师"等选项供用户直接选择，此时应使用的控件是(　　　)。

　　　A. 标签　　　　　　　B. 复选框　　　　　　C. 文本框　　　　　　D. 组合框

7. 能够接受数值型数据的窗体控件是(　　　)。

　　　A. 图形　　　　　　　B. 文本框　　　　　　C. 命令按钮　　　　　D. 标签

8. Access 数据库中，若要求在窗体上设置输入的数据总是取自某一个表或查询中记录的数据，或者取自某固定内容的数据，可以使用的控件是(　　　)。

　　　A. 选项组控件　　　　　　　　　　　B. 列表框或组合框控件

　　　C. 标签控件　　　　　　　　　　　　D. 复选框

9. 在 Access 中已建立了"雇员"表，其中有可以存放照片的字段，在使用向导为该表创建窗体时，"照片"字段所使用的默认控件是(　　　)。

　　　A. 图像框　　　　　　　　　　　　　B. 绑定对象框

　　　C. 非绑定对象　　　　　　　　　　　D. 列表框

10. 如果要在整个报表的最后输出信息，需要设置(　　　)。

　　　A. 页面页脚　　　　　　　　　　　　B. 报表页脚

　　　C. 页面页眉　　　　　　　　　　　　D. 报表页眉

11. 若要在报表每一页底部都输出信息，需要设置(　　　)。

　　　A. 页面页脚　　　　　　　　　　　　B. 报表页脚

　　　C. 页面页眉　　　　　　　　　　　　D. 报表页眉

12. 在关于报表数据源设置的叙述中，以下正确的是(　　　)。

　　　A. 可以是任意对象　　　　　　　　　B. 只能是表对象

　　　C. 只能是查询对象　　　　　　　　　D. 可以是表对象或查询对象

13. 在设计报表时，如果要输出最后的统计数据，应将计算表达式放在(　　　)。

　　　A. 组页脚　　　　　B. 页面页脚　　　　C. 报表页脚　　　　D. 主体

14. 可作为报表记录源的是(　　　)。

　　　A. 表　　　　　　　　　　　　　　　B. 查询

　　　C. Select 语句　　　　　　　　　　　D. 以上都可以

15. 报表不能完成的任务是(　　　)。

　　　A. 数据分组　　　　　　　　　　　　B. 数据排序

　　　C. 输入数据值　　　　　　　　　　　D. 数据格式化

16. 在报表中，要计算"入学成绩"字段的最高分，应将控件的"控件来源"属性设置为(　　　)。

　　　A. Max(入学成绩)　　　　　　　　　B. =Max([入学成绩])

　　　C. =Max[入学成绩]　　　　　　　　　D. =Max{入学成绩}

17. 若有如附图 4 所示的报表设计视图,由此可判断该报表的分组字段是(　　)。

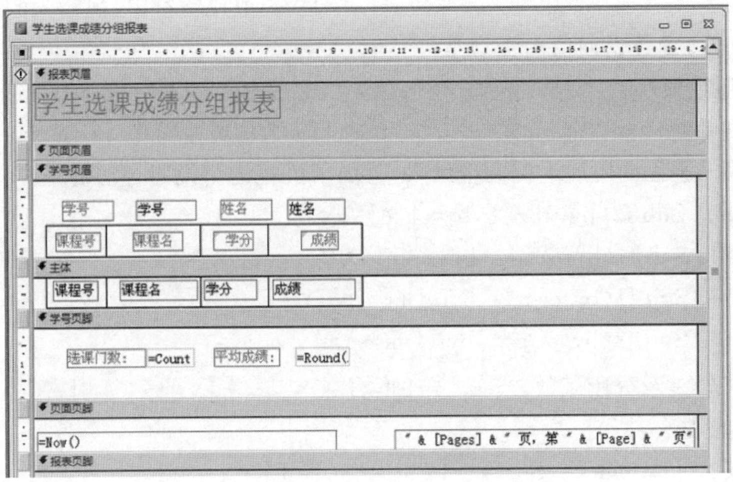

附图 4　报表设计视图

　　A. 课程号　　　　　　B. 学分　　　　　　C. 成绩　　　　　　D. 学号

二、填空题

1. 窗体通常由页眉、页脚和_____三部分组成。

2. Access 数据库中,如果在窗体上输入的数据总是取自表或查询中的字段数据,或者取自某固定内容的数据,可以使用_____控件来完成。

3. 通常用_____控件来显示"是/否"型字段的值。

4. 按照控件和数据源的关系,控件可以分为三类:绑定控件、非绑定控件和_____。

5. 组合框是兼有_____和列表框两者的功能特性而形成的一种控件。

6. 要对文本框中已有的内容进行编辑,按键盘上的按键,就是不起作用,原因是设置了该控件的_____属性值为 True。

7. 在窗体视图中,最常使用的视图是窗体视图、布局视图和_____。

8. 通过_____控件可以将新建或者已有窗体嵌入到另一个窗体中,形成窗体的嵌套。

9. 报表设计视图中的报表节共有_____种。

10. 报表数据分组输出时,首先要选定分组字段,在这些字段上值_____的记录数据归为同一组。

11. 报表设计中不可缺少的部分是_____。

第 8 章　结构化程序设计

一、选择题

1. InputBox()函数的返回值类型是(　　)。

   A. 数值　　　　　　　　　　　　　　　　B. 字符串

   C. 变体　　　　　　　　　　　　　　　　D. 数值或字符串（视输入的数据而定）

2. MsgBox()函数返回值的类型是(　　　)。

   A. 整型数值　　　　　　　　　　　　　　B. 变体

   C. 字符串　　　　　　　　　　　　　　　D. 数值或字符串

3. 要想从子过程调用后返回两个结果,下面子过程语句说明合法的是(　　　)。

   A. Public Sub f2(byval n%,byval m%)

   B. Public Sub f1(byref n%,byval m%)

   C. Public Sub f1(byref n%,byref m%)

   D. Public Sub f2(byval n%,byref m%)

4. 用 If 语句表示分段函数,当 x>=1 时,f(x)=$\sqrt{x+1}$,当 x<1 时,f(x)=x^2+3,下面不正确的程序段是(　　　)。

   A. If x>=1 then f= Sqr(x+1)　　　　　B. f=x * x+3
      If x<1 then f=x * x+3　　　　　　　　 If x>=1 then f=Sqr(x+1)

   C. If x<1 then f=x * x+3　　　　　　　D. If x>=1 then f=Sqr(x+1)
      Else f= Sqr(x+1)　　　　　　　　　　 f=x * x+3

5. InputBox()函数中必须要写的参数是(　　　)。

   A. Prompt　　　　　　　　　　　　　　 B. Title

   C. DefalutResponse　　　　　　　　　　D. XPos,YPos

6. If x=1 then y=1,下列说法中正确的是(　　　)。

   A. x=1 和 y=1 均为赋值语句

   B. x=1 和 y=1 均为关系表达式

   C. x=1 为关系表达式,y=1 为赋值语句

   D. x=1 为赋值语句,y=1 为关系表达式

7. Select Case 语句中,表达式是下面四种形式,不正确的是(　　　)。

   A. 表达式,例如"a"

   B. 一组用逗号分隔的枚举值,例如"a""b"

   C. 表达式 1 to 表达式 2,例如 1 to 10

   D. 关系运算符表达式,例如>60

8. 为了给 x,y,z 这三个变量赋初值 1,正确的赋值语句是(　　　)。

   A. x=1：y=1：z=1　　　　　　　　　　B. x=1,y=1,z=1

   C. x=y=z=1　　　　　　　　　　　　　D. x=1；y=1；z=1

9. 下列循环体能正常结束的是(　　　)。

   A. i=5　　　　　　　　　　　　　　　　B. i=10
      Do　　　　　　　　　　　　　　　　　 Do
      　　i=i+1　　　　　　　　　　　　　　　　i=i+1
      Loop Until i<0　　　　　　　　　　　Loop Until i>20

C. i＝1　　　　　　　　　　　　D. i＝6
　　Do　　　　　　　　　　　　　　Do
　　　i＝i＋2　　　　　　　　　　　　i＝i－2
　　Loop Until i＝10　　　　　　　Loop Until i＝1

10. VBA 中定义符号常量可以用关键字(　　)。

A. Const　　　　　B. Dim　　　　　C. Public　　　　　D. Static

11. 在 VBA 代码调试过程中,能够自动显示出所有在当前过程中变量声明及变量值信息的是(　　)。

A. 快速监视窗口　　B. 监视窗口　　　C. 立即窗口　　　D. 本地窗口

12. 下列关于 Do…Loop 循环结构执行循环体次数描述正确的是(　　)。

A. Do while…Loop 循环可能不执行,Do…Loop Until 循环至少可以执行一次

B. Do while…Loop 循环至少可以执行一次 ,Do…Loop Until 循环可能不执行

C. Do while…Loop 和 Do…Loop Until 循环可能都不执行

D. Do while…Loop 和 Do…Loop Until 循环都至少执行一次

二、填空题

1. 一条语句要在下一行继续书写,可用＿＿＿＿符号作为续行符。

2. VBA 提供了结构化程序设计的三种基本结构,这三种结构是顺序结构、＿(1)＿结构和＿(2)＿结构。

3. 下面程序段用于显示＿＿＿＿个"＊"。

```
Sub aa()
  For i =1 To 4
    For j =2 To i
      Debug.Print "＊"
    Next j
  Next i
End Sub
```

4. VBA 中的变量按其作用域可分为＿(1)＿变量、模块级变量、＿(2)＿变量。

5. 在 Access 中,如果变量定义在模块的过程内部,当过程代码执行时才可见,则这种变量的作用域为＿＿＿＿。

6. 如果在被调用的过程中改变了形参变量的值,但又不影响实参变量本身,这种参数传递方式称为＿＿＿＿。

7. 语句：Debug.Print "Sqr(9)＝";Sqr(9)的输出结果是＿＿＿＿。

8. 设有如下代码：

```
x=1
Do
 x=x+2
 Loop Until ＿＿＿＿
```

运行程序时要求循环体执行 3 次后结束循环,请在空白处填入适当的语句。

9. 在下面的 VBA 程序段运行时,内层循环的循环次数是_____。

```
For m=0 To 7 step 3
    For n=m-1 To m+1
    Next n
Next m
```

10. 下面程序段的输出结果为_____。

```
x = 35: y = 20
Debug.print "(" & x & "\" & y ") * " & y & "=" & (x\y) * y
```

11. * 对于正在使用的数组 x(n),既要增加两个数组元素,又要保留原来数组元素的值,使用的命令是_____。

12. * 如下数组声明语句:Dim a(3,4),则数组 a 中包含的元素有_____个。

三、读程序写结果

1. 阅读下面的程序,当 x 的值依次输入 35、25、15、5 时,程序的输出结果是什么?

```
Public Sub aa()
  Dim x As Integer
  x = InputBox("输入数据")
  If x > 30 Then
    x = x * 2
  Else
    If x > 20 Then
      x = x * 5
    Else
      If x > 10 Then
        x = x * 10
      End If
      x = x + 1
    End If
    x = x + 2
  End If
  MsgBox ("结果:") & Str(x)
End Sub
```

2. 阅读下面的程序,写出程序运行结果。

```
Public Sub Example()
  Dim s$, x$, y$
  Dim i%, aa%, bb%, cc%, dd%, length%
  aa = 0: bb = 0: cc = 0: dd = 0
  s = "Access   2019"
```

```
    length =Len(s)
    For i =1 To length
        x =Left(s, 1)
        s =Right(s, length -i)
        If x <>" " Then
            y =y +x
            Select Case Asc(x)
                Case Is >96
                    bb =bb +1
                Case Is >64
                    cc =cc +1
                Case Else
                    dd =dd +1
            End Select
        Else
            aa =aa +1
        End If
    Next
    Debug.Print y, aa, bb, cc, dd
End Sub
```

3. 阅读下面的程序,写出程序运行结果。

```
Public Sub aa()
    Dim a%, b%, i%
    a =0: b =0
    For i =1 To 8
        If i Mod 2 <>0 Then
            a =a -i
        Else
            b =b +i
        End If
    Next
    Debug.Print "i="; i, "a="; a, "b="; b
End Sub
```

4. 阅读下面的程序,写出程序运行结果。

```
Public Sub Example()
Dim x As Integer, y As Integer
x =0: y =0
For x =1 To 20
    If x Mod 2 =0 Then
        y =y +1
    Else
```

```
      If Int(x / 3) = x / 3 Then
        y = y + x
      End If
    End If
  Next
  Debug.Print x, y
End Sub
```

5. 阅读下面的程序,写出程序运行结果,请注意步长值是小数并且是负数,请注意程序最后输出变量值命令与上一题的区别。

```
Public Sub aa()
  Dim n As Integer
  n = 0
  For x = 6 To 4.5 Step -0.5
    n = n + 1
  Next x
  Debug.Print x, n
End Sub
```

6. 阅读下面的程序,写出程序运行结果,请注意 Exit For 命令的使用。

```
Public Sub aa()
  Dim s As Integer, i As Integer
  s = 0
  For i = 1 To 9 Step 3
    s = s + i
    If s > 10 Then
      Exit For
    End If
  Next i
  Debug.Print s, i
End Sub
```

7. 阅读下面的程序,写出程序运行结果,请思考这个程序如果不使用 Do While 命令,而使用 For 命令来循环是否可以? 如果可以怎样改写?

```
Public Sub aa()
  Dim x As Integer, y As Integer
  x = 1
  y = 0
  Do While x < 10
    If x Mod 2 = 0 Then
      x = x + 1
    Else
```

```
        x = x + 3
    End If
    y = y + x
  Loop
  Debug.Print x, y
End Sub
```

8. 阅读下面的程序,写出程序运行结果,请思考这个程序是否可以用 Do…While 循环改写？如果把"c＝2"这条命令放在"While x ＜ 8 And x ＞ 2"前面,程序运行结果是怎样的？请注意如果 Debug.Print c * x 后面有分号,程序运行结果和没有分号有何不同？

```
Public Sub aa()
  Dim c As Integer, x As Integer
  x = 3
  While x < 8 And x > 2
    c = 2
    While c < x
        Debug.Print c * x
        c = c + 3
    Wend
    x = x + 2
  Wend
End Sub
```

9. 阅读下面的程序,写出程序运行结果。过程 Example() 调用子过程 pr(ByRef x, ByRef y),请观察变量 c、t 值的变化。

```
Public Sub Example()
  Dim i As Integer, c As Integer, t As Integer
  i = 2: c = 2: t = 2
  Do While i < 4
    Call pr(c, t)
    Debug.Print c
    i = i + 1
  Loop
  Debug.Print t
End Sub
Sub pr(ByRef x As Integer, ByRef y As Integer)
  x = x * 2
  y = y + x
End Sub
```

10. 阅读下面的程序,写出程序运行结果。过程 Example() 调用子过程 xx(),请观察变量 a、b、c、d 值的变化。

```
Public Sub Example()
  Dim a As Integer, b As Integer, c As Integer, d As Integer
  a =1: b =2: c =1: d =2
  Call xx(a, b, c, d)
  Debug.Print d
  a =1: b =3: c =1: d =3
  Call xx(a, b, c, d)
  Debug.Print d
  Call xx(6, 8, 10, d)
  Debug.Print d
End Sub
Public Sub xx(ByRef x1%, ByRef x2%, ByRef x3%, ByRef x4%)
  x4 =x2 * x2 -4 * x1 * x3
  Select Case x4
    Case Is < 0
      x4 =100
    Case Is > 0
      x4 =200
    Case Is = 0
      x4 =10
  End Select
End Sub
```

11. 阅读下面的程序,写出程序运行结果。

```
Public Sub Example()
  Dim i As Integer, k As Integer
  Dim a(10) As Integer, b(3) As Integer
  k =5
  For i =1 To 10
    a(i) =i
  Next
  For i =1 To 3
    b(i) =a(i * i)
  Next
  For i =1 To 3
    k =k +b(i) * 2
  Next
  Debug.Print k
End Sub
```

12. 阅读下面的程序,写出程序运行结果。请思考：如何改写这个程序,随机生成一个四位整数。

```
Public Sub aa()
  Dim a(1 To 4) As Integer
  Dim i As Integer, j As Integer, s As Integer
  For i =1 To 4
    a(i) =i
  Next
  s =0
  j =1
  For i =4 To 1 Step -1
    s =s +a(i) * j
    j =j * 10
  Next
  Debug.Print "i=", i, ";", "j=", j, ";", "s=", s
End Sub
```

13. 阅读下面的程序,写出程序运行结果。本题主要考察对数组元素和数组元素下标的理解。

```
Public Sub aa()
  Dim i As Integer, j As Integer, x(10) As Integer
  For i =1 To 10
    x(i) =12 -i
  Next
  j =6
  Debug.Print x(2 +x(j))
End Sub
```

四、按要求对程序填空

1. 如下程序实现分段函数,请填空。

$$y=\begin{cases}2x+1 & x\leqslant1 \\ 2x+10 & 1<x\leqslant10 \\ 2x+20 & x>10\end{cases}$$

```
Public Sub aa()
  Dim x As Integer, y As Integer
  x =Val( InputBox("Please Input :"))
  If x <=1 Then
    y =2 * x +1
      (1)
  If     (2)
      y =2 * x +10
    Else
      y =2 * x +20
  End If
```

```
         (3)
    Debug.Print y
End Sub
```

2. 以下程序的功能是：计算连续输入的 10 个数中负数、偶数和奇数的个数，请依据此功能要求将程序补充完整。

```
Public Sub aa()
    Dim i%, x%, fs%, os%, js%
    fs = 0: os = 0: js = 0
    For i = 1 To 10
        x = InputBox("请输入第" + Str(i) + "个数")
        If x < 0 Then
              (1)
        End If
        If     (2)    Then  'x是偶数
            os = os + 1
        Else
              (3)
        End If
    Next
    Debug.Print "负数有:"; fs; "个,偶数有:"; os; "个,奇数有:"; js; "个"
End Sub
```

五、编程题

1. 由键盘输入一个 1~7 的数字。使用 Select Case 语句编写程序：显示数字 1~7 对应的星期一（Monday）至星期日（Sunday）（用英文格式表示）。

2. 编写程序求 100~200 中既能被 3 整除又能被 5 整除的正整数个数，并显示这些数。

3. 计算 s=1−2+3−4+5−6+7−···n。

4. 输出 100 以内的所有素数（质数）。

第 9 章   面向对象的程序设计

一、选择题

1. 能被"对象所识别的动作"和"对象可执行的活动"分别称为对象的（   ）。

    A. 方法和事件   B. 事件和方法   C. 事件和属性   D. 过程和方法

2. 若要求在文本框中输入文本时达到密码" * "号的显示效果，则应设置的属性是（   ）。

    A. "默认值"属性   B. "标题"属性

    C. "密码"属性   D. "输入掩码"属性

3. 为窗体中的命令按钮设置单击鼠标时发生的动作,应选择设置其属性窗格的(   )。

A. "格式"选项卡　　　B. "事件"选项卡　　　C. "方法"选项卡　　　D. "数据"选项卡

4. 要改变窗体上文本框控件的数据源,应设置的属性是(   )。

A. 记录源　　　　　　B. 控件来源　　　　　C. 筛选查阅　　　　　D. 默认值

5. 控件对象可以设置某个属性来控制对象是否可用(不可用时显示为灰色),需要设置的属性是(   )。

A. Default　　　　　　B. Cancel　　　　　　C. Enabled　　　　　　D. Visible

6. 启动窗体时,系统首先执行的事件过程是(   )。

A. Load　　　　　　　B. Click　　　　　　　C. Unload　　　　　　D. GotFocus

7. 已知窗体结构如附图 5 所示,其中窗体的名称为窗体 1,窗体中的标签控件名称为 Label0,命令按钮名称为 Command1。若将窗体的标题设置为"改变文字显示颜色",应使用的语句是(   )。

附图 5　窗体

A. Me="改变文字显示颜色"　　　　　　B. Me.Caption="改变文字显示颜色"

C. Me.text="改变文字显示颜色"　　　　D. Me.Name="改变文字显示颜色"

8. 在上题的窗体中若单击命令按钮后标签上显示的文字颜色变为红色,以下能实现该操作的语句是(   )。

A. label0.ForeColor=RGB(255,0,0)　　　B. Command1.ForeColor=255

C. label0.FontColor=RGB(255,0,0)　　　D. Command1.FontColor=255

9. 在窗体上,设置控件 Command0 为不可见的属性是(   )。

A. Command0.Name　　　　　　　　　　B. Command0.Caption

C. Command0.Enabled　　　　　　　　　D. Command0.Visible

10. 在某窗体上有一个标有"显示"字样的命令按钮(名称为 Command1)和一个文本框(名称为 Text1)。当单击命令按钮时,将变量 sum 的值显示在文本框内,正确的代码是(   )。

A. Me.Text1.Caption=sum　　　　　　　B. Me.Text1.Value=sum

C. Me.Text1.Text=sum　　　　　　　　　D. Me.Text1.Visible=sum

11. 窗体上添加有 3 个命令按钮,分别命名为 Command1、Command2 和 Command3,编写 Command1 的单击事件过程,完成的功能为:当单击按钮 Command1 时,按钮 Command2 可用,按钮 Command3 不可见。以下正确的是(   )。

A. Private Sub Command 1 Click()
　　　Command2.Visible＝True
　　　Command3.Visible＝False
　　End Sub

B. Private Sub Command1 Click()
　　　Command2.Enabled＝False
　　　Command3.Visible＝True
　　End Sub

C. Private Sub Command1_Click()
　　　Command2.Enabled＝True
　　　Command3.Visible＝False
　　End Sub

D. Private Sub Command1_Click()
　　　Command2.Visible＝True
　　　Command3.Enabled＝False
　　End Sub

12. 现有一个已经建好的窗体，窗体中有一命令按钮，单击此按钮，将打开"学生"表，如果采用 VBA 代码完成，下面语句正确的是（　　　）。

　　A. DoCmd.openform "学生"　　　　　　　B. DoCmd.openview "学生"
　　C. DoCmd.opentable "学生"　　　　　　　D. DoCmd.openreport "学生"

13. （　　　）是面向对象程序设计中程序运行的最基本实体。

　　A. 对象　　　　　　B. 类　　　　　　C. 方法　　　　　　D. 函数

14. 下面关于"类"的叙述中错误的是（　　　）。

　　A. 类是对象的集合，而对象是类的实例
　　B. 一个类包含相似对象的特征和行为方法
　　C. 类并不实行任何行为操作，它仅表明该怎样做
　　D. 类可以按其定义的属性、事件和方法进行实际的行为操作

15. 下面对于"对象"的各种描述中错误的是（　　　）。

　　A. 对象是反映客观事物属性及行为特征的描述
　　B. 对象是面向对象编程的基本元素，是"类"的具体实例
　　C. 对象都具有可见（视）性
　　D. 对象把事物的属性和行为封装在一起，是一个动态的概念

16. 下列关于属性、方法、事件的叙述中错误的是（　　　）。

　　A. 事件代码也可以像方法一样被显式调用
　　B. 属性用于描述对象的状态，方法用于描述对象的行为
　　C. 新建一个表单时，可以添加新的属性、方法和事件
　　D. 基于同一个类产生的两个对象可以分别设置自己的属性值

17. 下面对于"事件"和"方法"的各种描述中正确的是（　　　）。

    A. 如果没有编入代码,相应的事件就不能被激活

    B. 任何时候调用"方法"都完成同一个任务

    C. "事件"必须由用户激活

    D. "方法"和"事件"都是为了完成某项任务,故其中的代码都需要编辑

18. 以下（　　　）选项不属于类的特征。

    A. 多态性   B. 稳定性   C. 继承性   D. 封装性

19. 下列选项中（　　　）不是窗体的控件。

    A. 表   B. 标签   C. 文本框   D. 组合框

20. 下面（　　　）属性能确定列表框对象所含列的个数。

    A. ButtonCount   B. ColumnCount   C. PageCount   D. ListCount

21. 在窗体中添加一个命令按钮（名称为 Command1）,然后编写如下代码:

```
Private Sub Command 1_Click()
  a =0 : b =5 : c =6
  MsgBox a =b +c
End Sub
```

窗体打开运行后,如果单击命令按钮,则消息框的输出结果为（　　　）。

    A. 11   B. a = 11   C. b + c   D. False

22. 现有一个已经建好的窗体,窗体中有一命令按钮,单击此按钮,将打开 tEmployee 表,如果采用 VBA 代码完成,下面语句正确的是（　　　）。

    A. DoCmd.OpenTable "tEmployee"   B. DoCmd.OpenView "tEmployee"

    C. DoCmd.OpenForm "tEmployee"   D. DoCmd.OpenReport "tEmployee"

23. 在窗体中添加了一个文本框和一个命令按钮（名称分别为 tText 和 bComd）,并编写了相应的事件过程。运行此窗体后,在文本框中输入一个字符,则命令按钮上的标题变为"教学管理系统"。以下能实现上述操作的事件过程是（　　　）。

    A. Private Sub bComd_Click()   B. Private Sub tText_Click()

         Caption="教学管理系统"   bComd.Caption="教学管理系统"

         End Sub   End Sub

    C. Private Sub tText_Change()   D. Private Sub bComd_Change()

         bComd.Caption="教学管理系统"   Caption="教学管理系统"

         End Sub   End Sub

24. 在窗体中有一个标签 Label0,标题为"测试进行中";另有一个命令按钮 Command1,事件代码如下:

```
Private Sub Command1_Click()
  Me.Label0.Caption="标签"
End Sub
Private Sub Form_Load()
```

```
    Me.Caption="举例"
    Me.Command1.Caption="移动"
End Sub
```

打开窗体后单击命令按钮,屏幕显示(　　)。

A. 　　　　B.

C. 　　　　D.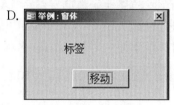

25. 在窗体中有一个命令按钮 Command1,编写事件代码如下:

```
Private Sub Command1_Click()
    Dim s As Integer
    S=P(1)+P(2)+P(3)+P(4)
    Debug.Print S
End Sub
Public Function P(N As Integer)
    Dim Sum As Integer
    Sum=0
    For i=1 To N
        Sum=Sum+i
    Next i
    P=Sum
End Function
```

打开窗体运行后,单击命令按钮,输出结果是(　　)。

　　A. 15　　　　　　　B. 25　　　　　　　C. 20　　　　　　　D. 35

26. 假设在"教师信息输入"窗体运行时,为职称字段提供"教授""副教授""讲师"等选项供用户直接选择,应使用的控件是(　　)。

　　A. 标签　　　　　　B. 复选框　　　　　　C. 文本框　　　　　　D. 组合框

二、填空题

1. 某个窗体中包含一个名称为 Label0 的标签控件和一个名称为 Command1 的命令按钮控件。标签显示"欢迎使用",命令按钮显示"确定"。命令按钮的单击事件代码如下:

```
Private Sub Command1_Click()
```

```
     Me.Label0.Caption =Me.Command1.Name
End Sub
```

单击该按钮后标签控件显示的是_____。

2. 在窗体中使用一个名为 num1 的文本框接收输入值,有一个命令按钮 run,单击事件代码如下:

```
Private Sub run_Click()
Select Case Me.num1
Case Is >=60
     result ="及格"
Case Is >=70
     result ="通过"
Case Is >=85
     result ="优秀"
End Select
MsgBox   result
End Sub
```

打开窗体后,若通过文本框输入的值为 85,单击命令按钮,输出结果是_____。

3. 现有一个包含计算功能的窗体结构如下:窗体中包含 4 个文本框和 3 个按钮控件。4 个文本框的名称分别为 Text1、Text2、Text3 和 Text4;3 个按钮分别为清除(名为 Command1)、计算(名为 Command2)和退出(名为 Command3)。窗体打开运行后,单击"清除"按钮,则清除所有文本框中显示的内容;单击"计算"按钮,则计算在 Text1、Text2 和 Text3 三个文本框中输入的数值,结果在 Text4 文本框中输出;单击"退出"按钮则退出窗体。请将下列程序填空补充完整。

```
Private Sub Command1_Click()
   Me.Text1.Value  =""
   Me.Text2.Value =""
   Me.Text3.Value =""
   Me.Text4.Value =""
End Sub
   Private Sub Command2_Click()
   If Me.Text1.Value  ="" Or Me.Text2.Value  ="" Or Me.Text3.Value  ="" Then
     MsgBox"成绩输入不全"
   Else
     Me.Text4.Value =(_____+Val(Me.Text2.Value)+Val(Me.Text3.Value))/3
     _____
End Sub
Private Sub Command3_Click()
   Docmd._____
End Sub
```

4. 在窗体中确定控件是否可见的属性是_____。

5. 现实世界中的每一个事物都是一个对象,对象所具有的固有特征称为_____。

6. 对象的_____就是对象可以执行的动作或它的行为。

7. 在使用计时器控件时,如果要修改 Timer 事件的触发时间间隔,则应该修改计时器控件的_____属性。

8. 在一个窗体中有两个按钮 Command1 和 Command2,如果窗体运行时单击 Command1 按钮,窗体的标题栏将改为"我的窗体",则该按钮 Click 事件过程中的相应命令是_____(1)_____;当单击了 Command2 按钮,使得 Command1 按钮变为不可见,则其 Click 事件过程中的相应命令是_____(2)_____。

9. 如附图 6 所示的窗体中包含三个控件对象:标签、命令按钮和含两个单选项的选项组,其中,标签的 Name 属性为 nk,选项组的 Name 属性为 opt。请将选项组的 Click 事件代码填写完整,实现对标签文字颜色的改变。"退出"按钮的功能是关闭窗体,请填写其 Click 事件代码。

附图 6　窗体

```
Private Sub opt_Click()
  Select Case _____
    Case Is =1
      _____ =RGB(0, 0, 0)
    Case Is =2
      _____ =RGB(255, 0, 0)
  End Select
End Sub
****"退出"按钮的 Click 事件代码****
Private Sub Command1_Click()
_____
End Sub
```

10. 若窗体中已有一个名为 Command1 的命令按钮,一个名为 Label1 的标签和一个名

为 Text1 的文本框,且文本框的内容为空,然后编写如下事件代码:

```
Private Function f(x As Long) As Boolean
    If x Mod 2 =0 Then
        f =True
    Else
        f =False
    End If
End Function
Private Sub Command1_Click()
    Dim n As Long
    n =Val(Me.Text1.Value)
    p =IIf(f(n), "Even number", "Odd number")
    Me.Label1.Caption =n & " is " & p
End Sub
```

窗体打开运行后,在文本框中输入 21 并单击命令按钮,则标签显示内容为_____。

11. 在窗体上添加一个名为 Command1 的命令按钮,编写其事件过程如下:

```
Private Sub Command1_Click()
Dim arr(1 To 100) As Integer
For i =1 To 100
    arr(i) =Int(Rnd * _____)
Next i
For i =1 To 100
    For j =_____ To 100
        If _____ Then
            Max =arr(i)
            arr(i) =arr(j)
            arr(j) =Max
        End If
    Next
    Debug.Print _____;
Next
    End Sub
```

程序运行后单击命令按钮将产生 100 个 1000 以内的随机整数并放入数组 arr 中,程序运行后将输出降序的排序结果,请填空。

12. 有一个标题为"登录"的窗体,窗体上有两个标签,标题分别为"用户名:"和"密码:";用于输入用户名的文本框名为"UserName",用于输入密码的文本框名为"UserPassword",用于进行倒计时显示的标签名为"Tnum";窗体上有一个标题为"确认"、名为"OK"的命令按钮,输入完用户名和密码后单击此按钮确认,如附图 7 所示。

输入用户名和密码(正确的用户名和密码分别为"123""456"),如用户名或密码错误,则给出提示信息；如正确则显示"欢迎使用！"信息。要求整个登录过程要在 30 秒中完成，如果超过 30 秒还没有完成正确的登录操作，则程序给出提示自动终止整个登录过程。请在程序空白处填入适当的语句，使程序完成指定的功能。

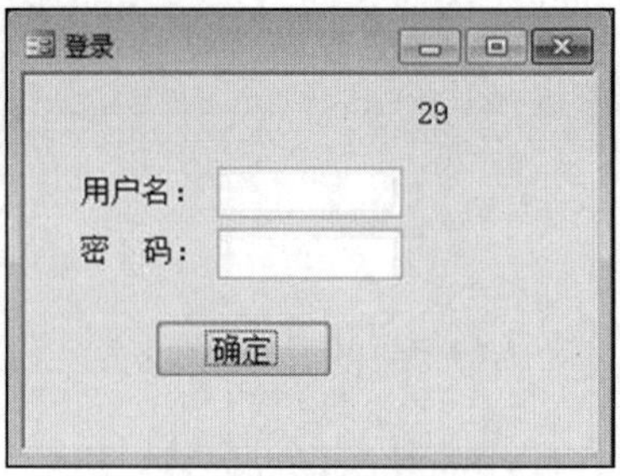

附图 7　"登录"窗体

```
Option Compare Database
Public Second As Integer
Private Sub Form_Load()
    Second = 0
        Me. _____ = 900              '定义计时器时间间隔
End Sub
Private Sub Form_Timer()
  If Second > 30 Then
        MsgBox "请在 30 秒中登录", vbCritical, "警告"
    _____                          '关闭当前窗体
  Else
    _____ = 30 - Second            '倒计时显示
  End If
  Second = _____
End Sub
Private Sub _____()               '确定按钮的单击事件
  If _____ <> "123" Or _____ <> "456" Then
  MsgBox "错误！" + "您还有" & 30 - Second & "秒", vbCritical, "提示"
  Else
  Me.TimerInterval = False            '终止 Timer 事件继续发生
  MsgBox "欢迎使用！", vbInformation, "成功"
    _____                          '关闭当前窗体
  End If
End Sub
```

第 10 章　宏

一、选择题

1. 不能使用宏的数据库对象是（　　）。

  A. 报表　　　　　　　B. 窗体　　　　　　　C. 宏　　　　　　　　D. 查询文件

2. 创建宏不用定义（　　）。

  A. 窗体或报表的属性　　　　　　　　　　B. 宏名

  C. 宏操作对象　　　　　　　　　　　　　D. 宏操作目标

3. 使用宏组的目的是（　　　）。

    A. 设计出功能复杂的宏　　　　　　　　　　B. 设计出包含大量操作的宏

    C. 减少程序内存消耗　　　　　　　　　　　D. 对多个宏进行组织和管理

4. 打开查询的宏操作是（　　　）。

    A. OpenForm　　　　B. OpenQuery　　　　C. Open　　　　D. OpenModule

5. 打开窗体的宏操作是（　　　）。

    A. DoCmd.OpenForm　　　　　　　　　　B. OpenForm

    C. Do.OpenForm　　　　　　　　　　　　D. DoOpen.Form

6. 运行宏的命令是（　　　）。

    A. OpenForm　　　　B. OpenQuery　　　　C. RunMacro　　　　D. RunCode

7. 打开一个表应该使用的宏操作是（　　　）。

    A. OpenForm　　　　B. OpenQuery　　　　C. OpenTable　　　　D. OpenReport

8. 打开一个报表，需要执行的宏操作是（　　　）。

    A. OpenForm　　　　B. OpenQuery　　　　C. OpenTable　　　　D. OpenReport

9. 退出 Access 应用程序的宏命令是（　　　）。

    A. CloseDatabase　　B. QuitAccess　　　　C. CancelEvent　　　D. CloseWindow

10. 下列叙述中，错误的是（　　　）。

    A. 一个宏一次能够完成多个操作

    B. 可以将多个宏组成一个宏组

    C. 可以用编程的方法来实现宏

    D. 定义宏都需要描述动作名和操作参数

11. 控件设置属性值的正确宏操作命令是（　　　）。

    A. Set　　　　　　B. SetData　　　　　C. SetWarnings　　　D. SetProperty

12. 由一个宏操作命令序列构成的单个宏，称为（　　　）。

    A. 操作序列宏　　　B. 宏组　　　　　　　C. 条件宏　　　　　D. 宏命令

13. 将多个操作序列宏顺序排列，形成一个宏的集合，称为（　　　）。

    A. 操作序列宏　　　B. 宏组　　　　　　　C. 条件宏　　　　　D. 宏命令

14. 如果希望按满足指定条件执行宏中的一个或多个操作，这类宏称为（　　　）。

    A. 操作序列宏　　　B. 宏组　　　　　　　C. 条件宏　　　　　D. 宏命令

15. 一个宏里面的每一步操作都是一个（　　　）。

    A. 操作序列宏　　　B. 宏组　　　　　　　C. 条件宏　　　　　D. 宏命令

16. 关于宏的描述不正确的是（　　　）。

    A. 宏是为了响应已定义的事件去执行一个操作

    B. 可以利用宏打开或执行查询

    C. 可以在一个宏内运行其他宏或者模块过程

    D. 使用宏可以提供一些更为复杂的自动处理操作

17. 要限制宏命令的操作范围,可以在创建宏时定义(　　　)。

A. 宏操作对象　　　　　　　　　　B. 宏条件表达式

C. 窗体或报表控件属性　　　　　　D. 宏操作目标

二、填空题

1. 按照宏的结构和执行条件来分类,最常见的三种类型分别是_____、_____和_____。

2. 直接运行宏组,事实上执行的只是_____所包含的所有宏命令。

3. 打开一个表应该使用的宏操作是_____。

4. 运行宏的命令是_____。

5. 某窗体中有一命令按钮,在窗体视图中单击此命令按钮打开一个报表,需要执行的宏操作是_____。

6. 如果希望按满足指定条件执行宏中的一个或多个操作,这类宏称为_____。

7. 退出 Access 应用程序的宏命令是_____。

测试题参考答案

第1章

一、选择题

AACBB DDDCA CBACB CB

二、填空题

1. 分布式

2. 数据模型

3. 数据库管理系统

4. 层次模型、网状模型、关系模型

5. 关系模型

6. 信息

7. 数据内容、数据形式

8. 将数据转换成信息的过程

9. 信息＝数据＋处理

10. 数据模型

11. 数据结构化、数据高度共享

12. 结构化数据

13. 数据恢复

14. 关系模型

第2章

一、选择题

BAAAD DDDAD CACCB BB

二、填空题

1. 元组

2. 一对一(或1—1,或1∶1)

3. 多对多

4. 元组(或记录)

5. 职工号

6. 属性、元组

7. 关键字

8. 主键

9. 外码 或 外键

10. D

11. 实体完整性、参照完整性、用户定义完整性

12. 外部关键字

13. 实体集

14. 更新异常、插入异常、删除异常

15. 数据依赖

16. 函数依赖、多值依赖、连接依赖

17. 无损分解、保持依赖

第 3 章

一、选择题
CACDB BBDDA ADBDB DCBDB

二、填空题
1. .accdb

2. 短文本型

3. (1)日期/时间 (2)货币 (3)自动编号 (4)是/否

4. 1GB

5. 入学成绩＞＝0 And 入学成绩＜＝750

6. 1GB

7. 长文本、OLE 对象

8. 一、多

9. 与、或

第 4 章

一、选择题
ACACC BDABD BAACC CCBBC BCCDB DBBAB

二、填空题
1. Integer

2. −1、0

3. False

4. 876554

5. 7

6. 7

7. 188

8. 100

9. 936

10. Date()

11. Mid(s,5,6)

12. x＞z And y＞z

13. Round(x＊100)/100 或 Round(x,2)

14. Int(100＊x＋0.5)＊0.01

15. (x Mod 10)＊10＋x\10

16. x Mod 5 ＝ 0 Or x Mod 7 ＝ 0 或 Int(x/5)＝x/5 Or Int(x/7)＝x/7

17. x Mod 2＜＞0

18. (a＋b)/(1/(c＋5)-(1/2)＊c＊d)

第5章

一、选择题

ACCDB DCDDA ABCBA A

二、填空题

1. 数据源

2. 查询的结果和查询定义以文件形式保存并可以反复使用

3. (1)选择查询 (2)参数查询 (3)操作查询 (4)特殊用途查询

4. 并且(And)、或者(Or)

5. 课程号＝"101" Or 课程号＝"103"

6. 更新查询

7. 参数

8. 总计

9. 内存

第6章

一、选择题

DCBDC CAACD CBCBA DADB

二、填空题

1. As

2. Insert

3. Distinct

4. (1)Group By (2)Order By

5. (1)降序 (2)升序

6. (1)Between…And　(2)In

7. (1)Like　(2) *　(3) ?

8. Foreign Key、References

9. Primary Key

10. 学生(学号)

11. Add

12. Count()或 Count 或 Count(*)

13. "?海"

14. Is Not NULL

15. ＞＝All

16. Group By 性别

17. Having Count(*)＞50

三、操作题

1. Select 顾客号,订购日期,数量

　　From 图书,销售

　　Where 图书.书号＝销售.书号 And 书类="小说"

或：

　　Select 顾客号,订购日期,数量

　　From 销售

　　Where 书号 In（Select 书号 From 图书 Where 书类="小说"）

2. Select 书号,订购日期,数量 From 销售

　　Where 顾客号＝（Select 顾客号 From 顾客 Where 顾客名="赵鸣"）

或：

　　Select 书号,订购日期,数量 From 销售,顾客

　　Where 销售.顾客号＝顾客.顾客号 and 顾客名="赵鸣"

3. Select Distinct 顾客名 From 顾客 Where 顾客号 In

　　（Select Distinct 顾客号 From 销售 Where 书号 In

　　（Select 书号 From 图书 Where 书类="小说"））

或：

　　Select Distinct 顾客名 From 销售,顾客,图书

　　Where 销售.顾客号＝顾客.顾客号 and 图书.书号＝销售.书号

　　　　and 书类="小说"

4. Select Distinct 顾客名,书名 From 顾客,销售,图书

　　Where 顾客.顾客号 ＝ 销售.顾客号 And 图书.书号 ＝ 销售.书号

　　　　And 数量＞＝300

5. Select Distinct 顾客名 From 顾客 Where 顾客号 In

　　（Select Distinct 顾客号 From 销售 Where 书号 In

（Select 书号 From 图书 Where 书类＝"小说" Or 书类＝"生活"））

或：

Select Distinct 顾客名 From 销售,顾客,图书

Where 销售.顾客号＝顾客.顾客号 And 图书.书号＝销售.书号

And（书类＝"小说" Or 书类＝"生活"）

6. Select Distinct 顾客名,书名,订购日期,单价＊数量 As 应付款

From 顾客,销售,图书

Where 顾客.顾客号 ＝ 销售.顾客号 And 图书.书号 ＝ 销售.书号

7. Select 书名,订购日期,单价＊数量 As 应付款

From 销售,图书

Where 图书.书号 ＝ 销售.书号 And 顾客号＝

（Select 顾客号 From 顾客 Where 顾客名＝"李倩玉"）

或：

Select 书名,订购日期,单价＊数量 As 应付款

From 销售,图书,顾客

Where 图书.书号 ＝ 销售.书号 And 顾客.顾客号＝销售.顾客号

　　and 顾客名＝"李倩玉"

8. Select 图书.书号,书名,Sum（数量） As 销售数量

From 销售,图书

Where 图书.书号 ＝ 销售.书号

Group By 图书.书号,书名

Order By Sum（数量） Desc

9. Select 顾客名,Sum（数量） As 销售数量,Sum（数量＊单价） As 销售额

From 顾客,销售,图书

Where 顾客.顾客号 ＝ 销售.顾客号 And 图书.书号 ＝ 销售.书号

Group By 顾客名

Order By Sum（数量＊单价） Desc

10. Select 书名,出版社 From 图书

　　Where 书类＝"生活" And 出版日期＜＃2015-12-31＃

11. Select 书号,书名,出版社,出版日期,库存 From 图书

　　Where 书类＝"小说" And 书号 Not In

　　（Select Distinct 书号 From 销售）

12. Select 书类,Avg（库存） From 图书

　　Group By 书类 Having Avg（库存）＞500

第7章

一、选择题
ACABB　DBBBB　ADCDC　BD

二、填空题
1. 主体

2. 列表框或组合框

3. 复选框

4. 计算控件

5. 文本框

6. ReadOnly

7. 设计视图

8. 子窗体

9. 7

10. 相同或相等

11. 主体报表节

第8章

一、选择题
BACDA　CDABA　DA

二、填空题
1. 空格和下画线

2. (1)选择　(2)循环(没有前后顺序)

3. 6

4. (1)过程级　(2)全局(没有前后顺序)

5. 过程级变量

6. 按值传递

7. Sqr(9)＝3

8. x＞＝7

9. 9

10. (35\20)＊20＝20

11. ReDim Preserve x(n＋2)

12. 20

三、读程序写结果
1. 70、127、153、8

2. Access 2019　　　2　　　　　　　5　　　　　　1　　　　　　4

3. i= 9　　　　　a=－16　　　　b= 20

4. 21　　　　　　37

5. 4　　　　4

6. 12　　　　　　7

7. 12　　　　　　38

8. 6、10、14、35

9. 4、8、14

10. 10、200、100

11. 33

12. i= 0；j=10000；s＝1234

13. 4

四、按要求对程序填空

1. (1)Else　(2)x ＜= 10 Then　(3)End If

2. (1)fs = fs + 1　(2) x / 2 = Int(x / 2)或 x Mod 2＝0　(3) js = js + 1

五、编程题

1.

```
Public Sub aa()
  Dim n As Integer
  n =Val(InputBox("please input the number:"))
  Select Case n
  Case 1
    Debug.Print "Monday"
  Case 2
    Debug.Print "Tuesday"
  Case 3
    Debug.Print "Wednesday"
  Case 4
    Debug.Print "Thurday"
  Case 5
    Debug.Print "Friday"
  Case 6
    Debug.Print "Saterday"
  Case 7
    Debug.Print "Sunday"
  Case Else
  Debug.Print "sorry,your number is incorrect!"
  End Select
End Sub
```

2.

```
Public Sub 程序一()
Dim a As Integer
n = 0
For a = 100 To 200
    If a Mod 3 = 0 And a Mod 5 = 0 Then
    n = n + 1
    Debug.Print a
    End If
Next
Debug.Print "共有" & Str(n)
End Sub
```

3.

```
Public Sub example2()
    Dim i As Integer, n As Integer
    Dim s As Double
    n = Val(InputBox("please input the n:"))
    s = 0
    i = 1
    Do While i <= n
        s = s + i * (-1) ^ (i + 1)
        i = i + 1
    Loop
    Debug.Print s
End Sub
```

4.

```
Public Sub aa()
Dim i As Integer
Dim j As Integer
Dim x As Integer
Debug.Print "100 以内的素数有"
For i = 2 To 100
  x = 0
  For j = 2 To i - 1
    If i Mod j = 0 Then
      x = 1
Exit for
    End If
  Next
  If x = 0 Then
```

```
      Debug.Print i
    End If
  Next
End Sub
```

第9章

一、选择题

BDBBC ABADB CCADC CBBAB DACDC D

二、填空题

1. Command1

2. 及格

3. (1)Val(Me.Text1.Value) (2)End If (3)Close

4. Visible

5. 属性

6. 方法

7. TimerInterval

8. Me.Caption＝"我的窗体",Me.Command1.Visible＝.F.

9. Me.opt.Value、Me.nk.ForeColor、Me.nk.ForeColor、DoCmd.Close

10. 21 is odd number

11. 1000,i＋1,arr(j)＞arr(i),arr(i)

12. TimerInterval,DoCmd.Close,Me.Tnum.Caption,Second ＋ 1,OK_Click,Me.
UserName.Value,Me.UserPassword.Value,DoCmd.Close

第10章

一、选择题

DADBB CCDBD DABCD CB

二、填空题

1. 操作序列宏、条件宏、宏组

2. 第一个宏

3. OpenTable

4. RunMacro

5. OpenReport

6. 条件宏

7. QuitAccess

图 书 资 源 支 持

感谢您一直以来对清华版图书的支持和爱护。为了配合本书的使用，本书提供配套的资源，有需求的读者请扫描下方的"书圈"微信公众号二维码，在图书专区下载，也可以拨打电话或发送电子邮件咨询。

如果您在使用本书的过程中遇到了什么问题，或者有相关图书出版计划，也请您发邮件告诉我们，以便我们更好地为您服务。

我们的联系方式：

地　　址：北京市海淀区双清路学研大厦 A 座 714

邮　　编：100084

电　　话：010-83470236　010-83470237

客服邮箱：2301891038@qq.com

QQ：2301891038（请写明您的单位和姓名）

资源下载：关注公众号"书圈"下载配套资源。

资源下载、样书申请

书 圈

获取最新书目

观看课程直播